深水群桩基础
广角度安全监控技术及应用

薛涛 著

中国水利水电出版社
www.waterpub.com.cn
·北京·

内 容 提 要

本书依托苏通大桥主桥建设的工程实践，深入分析了深水群桩基础建设过程中存在的主要问题，构建了深水群桩基础广角度安全监控系统，并从监控过程中传感器的安装埋设、数据采集及处理、受力分析及安全监控评判模型构建等方面进行论述。重点对广角度监控系统的优化方法、传感器的水下安装埋设新技术、异常值识别方法、广角度数据融合方法及深水群桩基础安全稳定性模糊评判模型等关键技术进行深入研究。

本书的研究成果具有较高的理论价值和实用价值，适合于岩土工程、道路桥梁等相关专业的读者学习参考。

图书在版编目（C I P）数据

深水群桩基础广角度安全监控技术及应用 / 薛涛著
. -- 北京 ：中国水利水电出版社，2017.12
ISBN 978-7-5170-6170-0

Ⅰ．①深… Ⅱ．①薛… Ⅲ．①群桩－安全监控－研究
Ⅳ．①TU473.1

中国版本图书馆CIP数据核字(2017)第326280号

书　　名	**深水群桩基础广角度安全监控技术及应用** SHENSHUI QUNZHUANG JICHU GUANGJIAODU ANQUAN JIANKONG JISHU JI YINGYONG
作　　者	薛涛　著
出版发行	中国水利水电出版社 （北京市海淀区玉渊潭南路 1 号 D 座　100038） 网址：www. waterpub. com. cn E-mail：sales@waterpub. com. cn 电话：（010）68367658（营销中心）
经　　售	北京科水图书销售中心（零售） 电话：（010）88383994、63202643、68545874 全国各地新华书店和相关出版物销售网点
排　　版	中国水利水电出版社微机排版中心
印　　刷	北京中献拓方科技发展有限公司
规　　格	184mm×260mm　16 开本　8.75 印张　207 千字
版　　次	2017 年 12 月第 1 版　2017 年 12 月第 1 次印刷
印　　数	001—500 册
定　　价	**45.00 元**

前　言

　　苏通大桥位于江苏省东部的南通市和苏州（常熟）市之间，是黑龙江嘉荫至福建南平国家重点干线公路跨越长江的重要通道，也是江苏省公路主骨架的重要组成部分。

　　苏通大桥全长 8206m，主航道为主跨 1088m 的双塔斜拉桥。两个主塔基础为超长大直径钻孔灌注桩群桩基础。其中，承台横截面为变厚度梯形，底面为哑铃形，基桩总数均为 131 根，呈梅花形布置，桩长为 117m（北塔墩）/114m（南塔墩），桩径上部为 2.8m、下部为 2.5m。桩径变化位置南北桥墩分别为－55.0m、－60.0m。

　　规模巨大的苏通大桥位于长江口潮汐河段，水文气象条件恶劣，风暴潮问题突出，最大潮差可达 4m，且江面宽阔，水深流急，松软河床覆盖层深厚。从而产生十分突出的"双向潮汐深水环境"与"超深、超大型深水群桩基础"的相互作用问题，并派生出复杂的群桩基础承载性能安全性问题以及复杂环境对群桩基础承载性能影响的评估问题等。双向潮汐深水环境给施工安全和工程的安全性带来十分复杂的影响因素，其不利组合前所未遇；群桩基础各组成结构的共性是"超深、超大型"。它大幅度突破现行规范所涵盖的范围，缺乏必要的技术支撑。苏通大桥工程前期的大量研究结果表明，超长大直径钻孔灌注桩群桩基础的承载性能明显不同于普通的中长桩、短桩，其传力机理和沉降变形性状在荷载传递过程中因承台、桩、土的相互作用变得更加复杂。显然，苏通大桥超大型深水群桩基础的设计和施工需要新理念、新技术和新工法。当然，创新的根本宗旨在于"确保施工安全""确保工程安全""突破超大型深水群桩基础施工的技术瓶颈"，新理念、新技术和新工法的应用效果也必须得到可靠的验证，而机理的揭示更是施工创新技术推广应用的前提条件。实践表明，这些问题合理解决的有效途径是基于安全监控的施工全过程信息化。

　　广角度安全监控的关键技术问题包括安全监控系统构建、深水环境下水下传感器的精确安装埋设技术、广角度和多尺度监测数据的信噪分离与融合、安全监控模型的构建。本书结合国家重点基础研究发展规划项目（973 项目）

"灾害环境下重大工程安全性的基础研究"之课题七"多因素相互作用下地质工程系统的整体稳定性研究"（项目编号：2002CB412707）、国家"十一五"科技支撑项目"苏通大桥建设关键技术研究"之课题五"深水群桩基础施工与冲刷防护成套集成技术研究"（项目编号：2006BAG04B05）和江苏省交通科学研究计划项目"超大型钻孔桩群桩基础关键技术研究"（项目编号：04Y029），依托苏通大桥主桥索塔地基基础稳定及安全监控工程实践，对超大型深水群桩基础广角度安全监控技术进行了研究。主要创新点有以下几个。

（1）将广角度监控理论引入深水群桩基础施工信息化系统和安全监控系统的构建，提出了广角度监测系统的优化方法和模型。

（2）通过大量的实践和探索，解决了深达120m的水下传感器的精确安装技术难题，并系统地提出了相关传感器的水下安装埋设新技术。

（3）针对深水群桩基础复杂的影响因素和安全问题，将小波多尺度分析与数据融合理论相结合，提升了监测数据的处理分析水平，为深水群桩基础安全性的广角度监控和评价奠定了可靠基础。

（4）针对深水群桩基础沉降和差异沉降问题，将高精度微压传感器技术、静力水准技术、剖面沉降观测技术和D-InSAR沉降监测技术进行了多尺度沉降监测技术集成，提出深水群桩基础施工信息化的沉降和差异沉降实用成套监测技术。

（5）在深入分析安全性问题特点和影响因素的基础上，采用模糊推理融合算法构建了超大型深水群桩基础安全稳定性的模糊评判模型。

作者

2017 年 10 月

目 录

第1章 绪 论

随着社会的发展和科技的进步，人类社会的要求日益提高，各种复杂大型工程项目层出不穷。其总体发展趋势是规模越来越大、建设标准越来越高、造型越来越独特、结构越来越复杂、建设条件越来越恶劣、对基础承载力和稳定性的要求越来越高。在各种基础形式中，群桩基础以其承载力高、沉降量较小且沉降均匀、施工工艺成熟、设备普及率高、施工风险小、施工效率和技术经济指标高等优点而成为高层建筑及大型桥梁首选的一种基础形式。然而，目前的规范均是以小直径的中短桩为理论和试验基础，对于基桩长度和直径日益增大的超长桩来说，其理论研究水平远远落后于工程实践，尤其是深水超长大直径钻孔灌注群桩基础的承载特性、群桩效应、承台-桩-土共同作用等问题还有待于深入的分析和研究。本书有机集成当代先进的传感器技术和数据融合技术，利用广角度监测系统所获取的不同测量目标的监测数据，通过对其合理、科学的处理和分析，建立群桩基础安全评判模型，为群桩基础安全稳定性评价和设计理论的完善提供可靠的依据。

1.1 深水群桩基础工程问题的提出

苏通大桥是国家重点干线公路跨越长江的重要通道，也是江苏省公路主骨架的重要组成部分，是国家"十一五"重点建设项目。该工程于 2003 年 6 月 27 日开工，于 2008 年 6 月 30 日建成通车。桥位区东距长江入海口约 108km，西距江阴大桥约 82km，北连南通，南接苏州，路线全长 32.4km，主要由北岸接线工程、跨江大桥工程和南岸接线工程 3 部分组成。其中，跨江大桥长约 8206m，主航道桥采用主跨 1088m 的双塔双索面钢箱梁斜拉桥，是继主跨度 890m 的日本多多罗大桥之后，世界上跨径第二大的著名斜拉桥。

桩是深入土层的柱形构件，桩与连接桩顶的承台组成桩基础，简称桩基。桩基可由单根基桩构成，但为了提高桩基础的整体稳定性和水平向承载力，并减小桩长和桩径，降低施工难度，桩基础通常被设计成由多根桩组成的群桩基础。群桩基础的作用是将作用于承台上的荷载通过较软弱地层或者水而传递到深部较坚硬的、压缩性小的土层或岩层[1]，通过它可以降低荷载作用深度（使荷载作用于承载力高的持力层）、扩大荷载作用面积（主要是桩侧摩擦面积）和作用范围，以大幅度提高地基基础的承载力、减少沉降和差异沉降。

苏通大桥桥位区位于长江下游感潮河段，邻近长江入海口，水文气象条件恶劣，风暴潮问题突出，加之江面宽阔，水深流急，松软河床覆盖层深厚，工程建设条件具有以下特点。

（1）索塔高度 300.6m，属高耸构筑物，对地基基础承载力和稳定性的要求很高。

（2）上部结构荷载巨大、作用点高，基础的差异沉降将改变索塔的受力条件。

（3）桥位区河床松软，覆盖层深厚，基桩属典型的摩擦桩，河床冲淤条件对基桩的承载力和沉降影响较大。

（4）主塔墩群桩基础体积庞大，基础内部河床冲刷形态和冲刷机理复杂，对群桩基础稳定性影响较大。

（5）钢护筒参与基桩共同受力，致使承台-桩-土的共同作用更趋复杂。

（6）由于索塔荷载巨大，且各基桩所承担的荷载具有较大的不均匀性，从而导致索塔承台始终处于不利的受力状态。

针对上述复杂的建设环境条件，苏通大桥主塔墩采用了 113 根，长 117m（北塔墩）/114m（南塔墩）、直径为 2.8m/2.5m 的变径超长大直径钻孔灌注桩群桩基础，成为当时世界最大的群桩基础。

根据工程前期的静载试验、离心模型试验、自平衡试验和数值模拟等相关研究[2-10]的结果，可以看出，超长大直径钻孔灌注桩群桩基础的承载性能明显不同于普通的中长桩和短桩，加之群桩基础存在突出的承台-桩-土相互作用和群桩效应问题，致使其传力机理和沉降变形性状在荷载传递过程中变得更加复杂，它涉及众多的因素，包括群桩的几何特征（如桩长、桩径、桩距、基础宽度、长度等）、成桩工艺、地基土层分布及其工程地质特性、施工因素等。因此，为了揭示超长大直径钻孔灌注桩的承载性能，确保施工过程中群桩基础的安全与稳定，安全监控技术已成为必然的需求和安全保障[11-13]。

安全监控技术是利用当代先进的传感器感知技术，充分捕捉反映基础施工和运营过程中的各种响应，并对所获原型观测数据运用数学、力学的方法进行处理，实时了解基础的工作性能，发现不稳定因素，对基础安全性做出及时评价，同时利用原型观测资料进行反馈分析，为发展和完善群桩基础设计理论提供科学的依据。

由于超大型深水群桩基础属高桩厚承台基础，基础施工时，基桩的中上部均需设置钢护筒，而且为了提高基桩的水平向承载力，钢护筒被保留下来与基桩共同作用。同时，浇筑承台时又采用了钢套箱施工技术，这就使得群桩基础的传力机理非常复杂。不仅如此，复杂的环境因素对群桩基础的影响也非常明显。这些因素相互交织、共同作用，致使群桩基础需要监测的不安全因素大幅增多。安全监控系统不仅需要监测桩身钢筋、桩身混凝土、钢护筒应力应变，还要监测承台大体积混凝土的温度应力、沉降变形。同时，对于潮位变化、环境温度、风荷载及河床冲淤等因素引起的结构响应也要进行监测。这种现状使得常规的监测系统已经无法满足其安全监测的要求。因此，采用基于多传感器有机融合的广角度监控技术对不同的基桩、同一个基桩的不同高程以及承台的不同位置、不同剖面及其河床冲刷等进行多角度的全方位监测。

随着数据自动采集仪器的出现和普及，实时在线监测已经在各类安全监控系统中得到广泛应用。然而，就目前的科技发展水平而言，原始监测数据还只能揭示事物的直观表象，加之各类观测数据难免存在的误差、各类传感器也不可避免地受到各种环境因素的干扰，因此，欲深刻地揭示被测对象原因量与响应量之间的客观规律，从繁多的监测资料中找出关键问题和异常征兆，并对群桩基础的安全状况进行客观评判，还必须在对各类监测数据进行处理、提炼、概括和融合的基础上，建立"安全状况"与"监测数据"之间的关系，即安全监控模型。

1.2 超长大直径群桩基础研究现状

1.2.1 桩基础的发展过程

桩基础是最古老的基础形式之一，在人类有历史记载以前就已被使用。不过，早期使用的只有木桩，而且经历了漫长的历史时期。19 世纪中叶以后，随着钢、水泥等桩的材料以及混凝土和钢筋混凝土等成桩工艺方法的迅猛发展，钢桩、钢筋混凝土桩逐渐取代了木桩。而且，随着机械设备和施工工艺的不断改进，20 世纪 20 年代后产生了名目繁多的桩型和工法。到 20 世纪 40 年代初期，随着大功率钻孔机具的研制成功，钻孔灌注桩首先在美国问世，并极大地推动了对桩基理论的研究工作[14-17]。其发展经历了先实践后理论、再实践再理论的提高过程。然而面对被不断突破的工程规模及尺寸、不断刷新的群桩规模，其所面临的理论缺失和技术难题一直是岩土界研究的热点和难点。另外，钻孔灌注桩在实践过程中，以其施工低噪声、小震动、无挤土、投资少、施工风险小、施工工艺比较成熟、工期短、对河流水沙条件影响小（与沉井相比）、能穿越各种复杂地层和单桩承载力大及适应各种地质条件和不同规模建筑物等优点，在高层建筑物、各类桥梁、高耸构筑物等工程中得到广泛应用[18-36]。表 1.1 统计了近年来在桥梁结构中桩基设计所采用的部分灌注桩的情况[37]。

表 1.1　　　　　　　　　　我国近年来部分长大灌注桩统计表

序号	桥　　名	最大桩径/m	最大桩长/m	年份	桥　　型
1	龙江特大桥	2.8	60	2016	钢箱梁悬索桥
2	铜陵长江公铁大桥	3.3	101	2015	公铁两用斜拉桥
3	福平铁路鼓屿门水道桥	4.5	41	2015	混凝土连续箱梁桥
4	椒江二桥	2.8	139	2014	双塔双索面斜拉桥
5	夏漳跨海大桥	3.0	111	2013	斜拉桥
6	黄河特大桥	1.8	90	2010	连续钢构梁桥
7	杭州湾跨海大桥	2.8	125	2008	跨海大桥
8	苏通长江大桥	2.8	117	2008	双塔双索面钢箱梁斜拉桥
9	东海大桥	2.5	110	2005	斜拉桥
10	江阴长江大桥	3.0	90	1999	钢箱梁悬索桥
11	铜陵长江大桥	2.8	100	1995	预应力混凝土斜拉桥

但由于地质条件的差异，施工工艺的差别，各地区建成的超长大直径钻孔灌注桩所表现出来的承载性能也是千差万别。特别是超长大直径钻孔灌注桩的荷载传递机理、群桩效应、承台-桩-土的共同作用、厚承台的优化设计等问题一直是岩土工程实践中亟待解决的问题。

1.2.2　超长大直径单桩理论分析方法

目前，单桩的理论分析方法主要有弹性理论法、荷载传递法、剪切位移法、神经网络法以及有限元法等[38]。

（1）弹性理论法利用半无限弹性体中集中力下的解给出桩竖向变形，这与实际地基土的成层性差别较大，并且与土的实际变形特性也相差较大。目前针对土的成层性，有学者将层状弹性体的分析理论引入到桩基础的分析中或者将弹性理论解与分层总和法相结合，以考虑成层土的情况。

（2）荷载传递法认为，桩身任何一点的位移只与该点的剪应力有关，忽略了桩周土的应力场效应，即忽略了桩周介质的连续性，也无法反映软弱下卧层的影响。潘时声（1991）提出了用分层位移迭代法求解单桩，并推广到群桩分析中，有效改善了该法不同的传递函数对应的临界位移值相差大的问题。目前建立的单桩荷载传递的弹塑性桩土体系的理论开发出了可供工程应用的实用方法，但其方法是独立考虑一根桩的沉降特性，未扩展到群桩分析中。

（3）剪切位移法假设桩产生竖向位移时，桩侧摩阻力通过环形单元向四周传递，桩侧周围土体的变形可视为同心的圆柱体，适用性较强。目前，研究者进一步将剪切位移法推广到塑性阶段，并且用于桩-土-承台结构的非线性共同作用分析。也有人在剪切位移法的基础上，给出了层状土中轴向受荷桩土相互作用的问题分析方法，对于解决一般地基土的桩土相互作用问题较为有效。

（4）单桩沉降预估的神经网络法借助已收集到的试桩资料，建立神经元网络模型。它把一组训练样本的输入输出问题变为一个非线性化问题，在其迭代运算求权值的全过程中使用了最优化分析中的梯度下降法。

（5）有限单元法是目前普遍采用的一种数值方法。应用有限元有很多优点，可以考虑实际的三维效应，并可计算桩中和沿桩周的应力和变形。也有可能研究导致破坏区的应力和变形的逐渐发展过程。众多学者为获得各工况下的桩基承载性能，只能借助有限元方法来模拟现场试验，得到了很多有意义的结论。

现场单桩静载荷试验直观，且与实际受力状态类似，其结论较为可靠。因此，在实际工程实践中，现场单桩静载荷试验仍被认为是最为可靠的办法。《建筑桩基技术规范》（JGJ 94—2008）对不同设计等级桩基的单桩极限承载力标准值的确定方法进行了规定，具体见表 1.2。

表 1.2　　　　　　　　　单桩竖向极限承载力标准值确定方法

设计等级	单桩竖向极限承载力标准值确定方法
甲级	通过单桩静载试验确定
乙级	地质条件简单时，可参照相同地质条件试桩资料，结合静力触探等原位测试或经验参数综合确定，其余由载荷试验确定
丙级	根据原位测试或经验参数确定

然而，静载方法需耗费较多的人力、物力，耽误工期，甚至在条件恶劣时或者吨位太大，国内有些单桩极限承载力已高达 120000kN 时，静载试验根本无法实现。

由此可以看出，超长大直径单桩的承载性能的研究水平还相当低，人们对其承载机理也不甚明确。因此，依据广角度监控系统中的实时数据开展对超长大直径单桩的承载机理和承载性能的反演分析研究是目前的主要途径。

1.2.3　超长大直径群桩理论分析方法

1. 群桩基础承载性能的分析方法

从现有的研究成果看，主要包括理论计算法、数值模拟法、模型试验法和原型监测法。

（1）理论计算法。在很多情况下，群桩中各基桩的传力机理与单桩时迥然不同，群桩的承载力并不等于各单桩的总和，这就是群桩效应。影响群桩效应的主要因素有以下两点：一是群桩自身的几何特征，包括承台的设置方式（高承台或低承台）、桩距、桩长、桩长与承台宽度比、桩的排列形式、桩数；二是桩侧与桩端的土性、土层分布和成桩工艺（挤土或非挤土）。为了反映群桩效应，定义了群桩效率系数，即

$$\eta = \frac{群桩中的基桩平均极限承载力}{单桩极限承载力} \tag{1.1}$$

考虑群桩效应问题，目前群桩基础承载力计算方法主要有[38]：以单桩极限承载力作为参数的群桩效率系数法；以土强度为参数的极限平衡理论计算法；以侧阻力、端阻力为参数的经验计算法和考虑承台-桩-土共同作用的分项群桩效应系数法。

以单桩极限承载力为已知参数，根据群桩效率系数计算群桩极限承载力，其群桩极限承载力计算公式为

$$P_u = \eta n Q_{uk} \tag{1.2}$$

式中　　η——群桩效率系数；

n——群桩中的桩数；

Q_{uk}——单桩极限承载力。

该方法的关键是要确定合理的群桩效率系数，而群桩效率系数的确定非常复杂，受到许多因素的影响。因此，实际的群桩效率往往跟计算的结果相差甚远，工程实际中已不再应用此法。

群桩侧阻力的破坏分为桩土整体破坏和非整体破坏两种。因此，极限平衡理论计算方法也分两种。对于小桩距（$S_a \leqslant 3d$，d 为桩直径）挤土型低承台群桩基础，其侧阻一般呈桩土整体破坏，即侧阻力的剪切破裂面发生于桩群、土形成的实体基础的外围侧表面。因此，群桩的极限承载力计算可视群桩为"等代墩基"或实体深基。对于非挤土型群桩基础，其侧阻多呈各桩单独破坏，即侧阻力的剪切破裂面发生于各基桩的桩土界面或近桩表面的土体中。这种侧阻非整体破坏模式还可能发生于饱和土中不同桩距的挤土型高承台桩。

以土强度为参数的极限平衡理论方法，以侧阻力、端阻力为参数的经验计算法也分两种。该方法同上一种方法类似，只是侧阻力和端阻力取值采用单桩原型试验法、土的原位测试法、经验法等确定。

（2）数值模拟法。数值模拟法是随着计算机技术的不断发展而逐步发展起来的一种仿真算法。常用的数值模拟法有有限单元法、有限差分法、边界单元法。其中，有限单元法由于理论基础明确，且在计算中能够同时考虑桩基诸多因素，如群桩效应、非线性变形、桩土接触效应等而得到广泛应用。最早利用有限单元法分析群桩问题的是R. D. Ellison[39]。随后，许多研究者都运用有限单元法对群桩基础的传力机理和承载性能进行了研究[40-49]，并取得了丰硕的成果。

数值模拟法从理论上讲是最严格有效的方法，可以考虑各种复杂因素对桩基础沉降的影响，但由于计算参数较多，三维计算要求内存大，计算时间长，其使用范围受到影响。不过作为探索和校核实用简化方法的工具，有限单元法仍有着重要的实际意义。

（3）模型试验法。模型试验法是将原型结构按一定的比例缩小，并通过试验得到与模型力学性能相关的测试数据，再根据相似原理，由模型试验结果推断原型结构性能的一种方法。模型试验相比于现场试验来说，试验所需的人力、物力较少，且周期较短，是研究群桩基础承载特性、揭示其演变规律的一种较好方法。多年来，应用该种方法来研究群桩基础的成果也比较多。例如，1964年，中国建筑科学研究院地基研究所在黄浦江边亚黏土冲积层中做了大比例尺打入桩群模型试验，对群桩的承载力和变形特性进行了研究；20世纪70年代末，山东黄河河务局在黄河边的间有亚黏土夹砂的粉土冲积层中进行了大比例尺钻孔桩群的试验研究，包括桩群28组、双桩23组、单桩23根，得到一些颇有价值的结论，并为以后的类似工程设计提供了数据依据[50]；20世纪80年代初，中国建筑科学研究院在山东济南市进行了粉土中的钻孔群桩工作性能试验研究，取得了高水平的研究成果[51]；1997年，徐建忠[52]所做的3种入桩顺序对饱和土群桩承载特性影响的试验，表明刚性低承台下各桩分担的荷载不仅与位置有关，而且与入桩顺序有关；王年香[53]通过18根和64根群桩的离心模型试验，获得了荷载-沉降关系曲线、桩身轴力分布规律，研究了在竖向荷载作用下超大型深水群桩基础的承载变形特性；施峰[54]通过对11根大直径超长钻孔桩的静荷载试验，对大直径超长桩的受力特性和荷载传递机理及侧阻力、端阻力的变化规律进行了研究，分析了施工工艺、嵌岩深度、桩端高压注浆等因素对大直径超长桩承载力的影响，给出了桩周土层的分层极限侧阻力和极限桩端阻力，为相同地质条件的桩基设计提供可靠的依据。乔京生等[55]利用国内最大型的三维模拟试验台进行了3组模型试验，研究了群桩与单桩复合地基在应力场、位移场等方面的不同。试验结果可为进一步理论研究和工程设计提供有益参考。张建新等[56]基于静压模型试验，运用扫描电镜获取的压桩前后土样的微观结构照片对沉桩挤土效应进行了微观结构分析，从而得到压桩前后土体的微观结构变化规律，但该结论只是一种理论研究，还有待于实际工程的检验。

除了室内模型试验，针对超大群桩基础，现场原位测试也成为目前不可缺少的试验方法。马海龙等[57]通过现场足尺试验，研究了软土中水泥土群桩的承载力特性。针对单桩、四桩、九桩复合地基情况，分别测试了承台土反力、桩身轴力及复合地基变形等参数，并根据原位测试结果，定量分析了桩长、桩间距、桩数等对水泥土群桩复合地基承载力特性的影响。钱锐等[58]通过试验资料，对深厚软土中的超长嵌岩钻孔灌注桩的工作性能进行了研究，对荷载-沉降曲线、桩侧摩阻力、桩端阻力进行了较为详细的分析和研究。龚维明、董武忠、王盛等[59-61]利用自平衡试验对超长大直径钻孔灌注桩的承载特性进行了研究分析，克服了常规静载试验在恶劣环境下无法实施的困难，获得了良好的效果。

（4）原型监测法。原型监测法是通过埋设在群桩基础中的传感器获得的基桩轴力、沉降、位移等相关数据对基础的承载特性、群桩效应、桩-土共同作用等问题进行深入分析和研究，同时还是指导施工、反馈设计的重要依据。Ealy 等[62]（1985）利用原型监测方法对多座大桥群桩基础在负荷及异常荷载条件下的荷载传递机理和沉降特性进行了研究，得到了较好的结论。Jardine 等[63]（1989）通过 Hutton 张力腿平台基础特性监控系统所获得的高质量数据分析了群桩基础轴向荷载-沉降与弯矩转角的关系。Klar 等[64]（2006）采用 BOTDR 技术，针对荷载传递函数的建立及研究对象附近隧道开挖引起的桩土接触应力变化问题，开展了原型监测研究，并通过与其他应力监测方法的对比，证明了该方法的经济、有效。1975—1979 年，南京水利科学研究所、上海工业建筑设计院对软土上大型筒仓群桩基础进行了从施工到正常运转的原位观测[50]；1996 年，朱腾明等[65]通过对某工程桩间土承担荷载的监测与分析，揭示了在群桩基础的实际工作状态中，桩间土承担一定份额的荷载，在设计中应当予以考虑。2002 年，陈志坚等[66]对江阴大桥群桩基础进行了安全监控，实测资料表明，该基础能确保将 $1.2 \times 10^6 \mathrm{kN}$ 的垂向荷载传递至地表以下 26m 的地基岩体中，桩基嵌岩后其承担的荷载能够很快地扩散到桩周岩体中；贺武斌等[67]进行了与工程实际相符合的现场群桩试验，通过安设的测试仪器对承台下土的反力、桩侧摩阻力、桩端阻力等进行了测定，根据监测数据分析了基桩的桩侧摩阻力和桩端阻力特性，总结了此群桩基础的荷载传递规律。2008 年，卢波[68]依托新疆伊犁河大桥，对大桥施工阶段群桩承载性状做了现场监测，并用 ANSYS 对承台-群桩-土体共同作用进行三维弹塑性有限元分析，数值模拟所得群桩中各单桩桩顶和桩底反力与现场监测结果较一致。同时，在用静载试验和现场监测成果验证数值分析正确性的情况下，用数值分析对群桩在各荷载工况下的单桩反力分布情况、承载变形曲线做出深入分析和研究。

2. 群桩基础沉降计算方法

目前沉降计算方法主要包括等代墩基法、弹性理论法、有限元法、荷载传递法、剪切位移法和混合法等[38]。这几种方法可以认为是桩基础沉降理论分阶段发展的产物。

（1）等代墩基法。在工程实践中，等代墩基法是目前国内外计算群桩基础沉降应用最广泛的一种简化方法，《建筑桩基技术规范》（JGJ 94—2008）采用的就是这种计算模式。适合条件为：桩距不大于 6 倍桩径的群桩基础在工作荷载下的沉降计算。等代墩基法又称为实体深基础法，即假定承台周边范围内群桩和桩间土为一天然地基上的实体深基础，同时假定等代范围内的桩间土不产生压缩变形，按实体基础沉降计算方法来估算群桩的沉降。地基中附加应力可近似按 Boussinesq 解计算，该方法考虑的弹性半无限空间体表面上作用一个集中力的情况，但是与实体深基础的荷载作用于半无限空间体内部的情况不同。工程实践表明，用 Boussinesq 解作群桩沉降分析得出的结果偏大；为了提高地基土层附加应力的计算精度，近年来国内外根据弹性半无限空间体内集中力的 Mindlin 公式发展了一些计算桩基荷载作用下地基土层附加应力的方法。Mindlin 解计算沉降分为两种：一种是 Poulos 提出的相互作用因子法；另一种是 Geddes 对 Mindlin 公式积分而导出集中力作用于弹性半空间内部的应力解，按叠加原理，求得群桩桩端平面下各单桩附加应力和，按分层总和法计算群桩沉降。

上述方法存在以下缺陷：①实体深基础法，其附加应力按 Boussinesq 解计算与实际不符（计算应力偏大），且实体深基础模型不能反映桩的长径比、距径比等的影响；②相互作用因子法不能反映压缩层范围内土的成层性；③Geddes 应力叠加-分层总和法对于大桩群不能手算，且要求假定侧阻力分布，并给出桩端荷载分担比。针对以上问题，规范给出了等效作用分层总和法。

（2）弹性理论法。Polous 和 Davis 首次系统地提出了根据 Mindlin 位移解答计算均质弹性半空间体中桩基沉降的弹性理论法[69,70]。后来这种方法推广到非均质层状土、有限深度土层、桩-土滑移等问题的分析。弹性理论法按照其应用模式不同，又可分为以下几种具体应用方法，即叠加法、相互影响系数法、沉降比法。相互影响系数法和沉降比法精度要比叠加法低。此外，这两种方法都未考虑桩底压缩土的成层性，对于桩底以下有软卧层时不宜采用。

弹性理论法仅需把桩土界面进行离散，但是计算大规模群桩时仍然占用大量机时，限制了其推广使用。此外，用单一的弹性模量去反映分层、非线性土的压缩特性也不太合适。弹性理论法夸大了桩土相互作用，由此计算的桩侧摩阻力分布形式和桩顶反力与实测相差较大，因此在工程应用中有很大局限性。

（3）有限单元法。Ellison[71]最早利用有限单元法分析桩基问题。梁义聪等[72]用三维有限元-接触面单元-三维无限元相耦合的数值方法来模拟群桩体系。倪新华[73]在三维条件下运用有限元-无限元耦合的方法分析筏基-群桩-土体的共同作用，并与二维有限元进行比较，结果表明，在一定范围内二维计算方法所反映的变化规律及趋势是正确的。

有限单元法是最严格有效的方法，可以考虑各种复杂因素对桩基础沉降的影响，但由于计算参数多、计算时间长，其使用范围受到影响。

（4）混合法。由于桩在承受轴向荷载时，桩周土体只在附近的近场高应变区产生非线性位移，群桩间的大部分土体均处于应变水平很低的远场范围内，可以认为只产生弹性反应。混合法正是基于该规律因而被提出。该法采用荷载传递函数法模拟群桩中每一单桩的非线性行为，采用 Mindlin 解、有限单元法等来考虑桩-土-承台的相互弹性作用，较好地考虑土的成层性和非线性性状以及桩-土-承台的相互作用，成为目前最常用的群桩沉降非线性计算分析方法。但该法面临的最大问题是：用 Mindlin 解分析群桩相互作用时，各桩与承台每一单元的相互作用都要积分计算，因而当桩数增多时，会出现计算机内存不足以及运行时间较长等缺点。目前已有研究者提出了近似混合法，通过构造单桩的一曲线插值函数，采用相互作用系数考虑群桩之间的弹性影响，避免了因各桩离散成许多单元而导致土体柔度矩阵集成的费时，从而可进行多桩数群桩的非线性计算，而不受微机内存和运算速度的限制。该法计算结果与混合法非常吻合[74]。

1.3　安全监控技术研究现状

自 20 世纪 60 年代初在大坝工程上得到应用以来，安全监控技术在岩土工程、桥梁工程及建筑工程等方面取得了显著成绩和进展。主要表现在：①监控系统硬件设施的不断更新和发展；②传感器优化方法的改进和应用；③数据处理及分析方法的应用及发展。

1.3.1 传感器系统

传感器系统由各种传感器组成，传感器是用来测量结构物理特征及其周围环境参数的重要仪器，传感器系统则负责将荷载作用以及结构响应的物理量转化为可供采集的光、电信号。传感器系统的设计与发展不仅制约着安全监控的内容，而且直接决定监控系统的可靠性和准确性；同时由于传感器系统所处的工作环境复杂，传感器的使用寿命也决定了整个系统的使用寿命。因此，要实时、准确监测结构的应力、应变情况，采用方便、可靠和耐久的传感器非常重要。目前，变形监测包括表面位移观测和内部位移观测，前者主要采用高精度水准仪、全站仪和测缝计，而后者则采用应变计、多点位移计、测斜仪等。Chen 等[75]在 Hongcaofang 桥采用激光挠度仪实现了计算机自动采集和动态测量。但对测量的精度文献中没有述及。随着高精度微压传感器技术、光电式静力水准技术和剖面沉降观测技术的研究和应用[76,77]，大大提高了基础变形监测的精度。当将上述观测技术用于深水群桩基础沉降监测时，微压传感器作为水位传感器使用，将根据观测值直接计算出的压力差转化为高程差，从而得出各测点沉降值。美国 Geokon 公司生产的 GK - 4580 型振弦式微压传感器，可以测量出 0.2mm 的高程变化；剖面沉降观测技术可在桥梁承台中预埋剖面沉降管（包括纵桥向和横桥向），采用移动式高精度剖面沉降仪进行定期人工观测，观测时间灵活，观测点间距可根据需要确定，最小测点间距可采用 20cm，可获得超大型群桩基础沉降的平面分布规律（或承台的挠曲变形）；静力水准观测技术是在超大型承台顶面定点布置由多个静力水准仪构成的静力水准观测系统，各静力水准仪之间通过连通管建立水力联系和大气连通，利用液面平衡原理实现各静力水准点之间的差异沉降观测，特别适合那些要求高精度监测垂直位移的场合，可以监测到 0.03mm 的高程变化。应力监测主要采用电阻应变片传感器、振弦式传感器、差动式传感器以及光纤光栅应变计等。其中电阻式应变计利用应变片的电阻变化与被测结构物的应变成正比的原理来测量应变，其敏感性好，测量精度高。深圳湾大桥采用电阻式应变计进行了全桥应变采集[78]，但由于电阻应变片传感器的零漂、接触电阻变化以及温漂等给系统带来一定误差，且使用不便、耐久性差，所以，只能用于短暂的荷载增量下的应力测试。一般仅用于辅助应力测试与校核，但它可做动态观测；振弦式应变计利用被测结构物的应变与振弦频率之间的关系，具有良好的稳定性，自然具有应变累计功能，抗干扰能力较强，数据采集方便。故适合于现场情况复杂、连续时间较长且量测过程始终要以初始零点作为起点的应力监测，是目前使用最广泛的一种传感器。但由于振弦式应变计的尺寸不能做得很小，对应力梯度大的部位难以测出某一点的应变，因此，只能做静态观测或者应变变化较慢的长期监测；光纤光栅应变计埋入或粘贴在测点处，当光纤承受应力时，光纤光栅反射波长发生变化，通过测量反射波长就可获得应力值。光纤光栅传感器对环境干扰不敏感、输出线性范围宽、测量的分辨率高，同时光纤光栅应变计质量轻、传输信息量大、无电磁干扰、易于分布埋入结构和构成网络；但光纤光栅应变计由于其特殊结构埋入式易造成损伤成活率不高，无法集成温度测量，需单独布置温度传感器进行补偿，并且光纤光栅传感采集系统自成体系，目前技术无法与其他类型传感器集成统一采集。虽然光纤光栅传感技术已应用在桥梁等重大土木工程的监测中[79]，但对于现场情况复杂时，此类传感器的应用会受到限制。差动式传感器长期稳定性好，且能把应变和温度测量统一起来。但价格比较昂贵，在国外结构测量中应用广泛，而我国只在大坝结构中使用较多，在桥梁结构方面使用还很少。但王卫峰等[80]在崖门大桥施工监控中采用了差动式应变传感器，为此类传感器的推广提供了有益的经验。

为了使应力监测更加准确合理，一些桥梁安全监控系统将几种类型传感器结合使用。例如，香港青马大桥使用电阻应变计和光纤光栅应变计联合进行应变和结构温度采集，苏通大桥同时使用振弦应变计和光纤光栅应变计进行全桥应变采集，应变测点通常布设于结构控制截面，控制截面可根据结构分析进行选择，静力测点通常布设在结构分析中应力最大的控制截面的上下缘，动力应变测点常布设于上缘应力最大截面的上缘。

1.3.2　传感器优化布设方法

对于大型桥梁群桩基础，由于几何尺寸大以及桩数多、施工风险大、群桩效应显著，在安全监控中传感器布设得越多，得到的局部响应信息就越丰富，从而更有利于分析群桩基础的真实工作性态。但传感器和数据处理设备比较昂贵，因此从经济和实际的角度考虑，如何布设有限个传感器以获取尽可能多的信息，是大型桥梁地基基础监控系统设计的关键技术之一。

通过尽可能少的传感器来获取最可靠、最全面的结构信息是传感器优化布设的目的。在这方面已经有许多人做了有效的研究工作，给出了各种不同的传感器优化布置数学模型[81]。传感器优化布设模型的建立方法有很多，如模态动能法[82]，这种方法通过挑选振幅较大的点或者模态动能较大的点，但与有限元网格划分的大小有很大的关系。在这种方法的基础上同时还衍生了许多方法，如通过计算所有待测模态的各可能测点的平均动能，选择其中较大者的平均模态动能法；通过计算有限元分析的模态振型在可能测点的乘积，选择其中较大者的特征向量乘积法等。

到目前为止，应用最广泛的一种方法是有效独立法[83]。它从所有可能测点出发，利用复模态矩阵的幂等型，计算有效独立向量，并按照目标模态矩阵独立性排序，删除对其秩贡献最小的自由度，从而优化 Fisher 信息阵，且使得感兴趣的模态向量尽可能保持线性无关。还有一种常用的方法就是 Guyan 模型缩减法。这种方法可以较好地保留低阶模态，但不一定代表待测模态，有人基于上述限制分别提出改进缩减系统[84]和连续接近缩减方法[85]。

基于遗传算法的优化方法近年来也得到了很好的发展[86-88]。这种方法采用可控性和客观性指数来获得所有控制模态的累积性能值，以这些指数为优化指标，使控制器和结构之间有最大的能量传递，而且根据控制律使剩余模态的影响最小。清华大学土木系在香港青马大桥的健康监控系统中利用遗传算法寻找加速度传感器的最优布置，把其中测取的变形能作为遗传进化的适应值（Fitness），实际上是使测点远离各阵型节点[89]。此外，传感器布置的最佳数量在可视性、鲁棒性及抗噪性等方面也相当重要[90]。

然而，现有的研究成果主要应用于大型桥梁上部结构的传感器最优布点。对于大型桥梁地基基础监测点的优化布置只有个别文献进行了研究，如 2002 年，冯兆祥[91]首次将突破口理论和敏感性分析应用于大型桥梁地基基础监测区域和测点的优化设计，完善了其监控系统优化设计的理论，从而使监控系统的可靠性和效率得到了提高；2005 年，朱晓文[92]在总结前人研究的基础上，提出了测点优化的步骤以及优化方法，构造了相应的目标函数。但是，由于大型桥梁地基基础的复杂性，该方法无法涵盖所有对最优测点布置的要求，且优化目标函数的设计也有待改进。2011 年，唐勇等[93]以苏通大桥群桩基础传感器系统设计为依托，建立了以传感器系统成本为目标函数，以表决系统可靠度为约束条件的多传感器选型优化模型，并用遗传算法求其最优解，同时，为了考虑安装埋设环境对系统可靠度的影响，提出了环境因素折减因子的概念，给出了它的确定方法，并用该因子对不同环境下传感器的可靠度进行修正。但总体来说，对于群桩基础监控系统测点优化布设的研究相对较少。

1.3.3　信噪分离技术

安全（或健康）监测技术是掌握桥梁施工和运营状态、保证桥梁工程安全健康运行的重要措施，也是检验设计成果、检查施工质量和认识桥梁各种物理量变化规律的有效手段。然而，在整个实时监测过程中，监控系统本身的误差、复杂现场施工环境及各种气象因素的影响都会导致监测数据包含复杂的噪声。为了保证数据分析的准确性，对数据进行滤波是对结构安全施工和健康评价做出正确判定的关键技术问题。近 20 年来数据处理方法得到了迅速发展，并逐步应用于工程实践。

（1）传统数字滤波。传统数字滤波无需硬件设施，只用一个计算过程。其可靠性高，开发成本低，不存在阻抗匹配问题，该算法对底层数字滤波处理非常实用。但在实际现场环境中，由于干扰源并不是单一的，刘海等[94]采用的复合数字滤波算法，就是将粗大误差剔除后，通过多周期同时刻测点噪声信号的相互抵消来实现降噪目的。孙涛等[95]提出在测量数据一阶差分的基础上应用分位数的方法，来剔除数据中的粗差，并结合带通滤波以提高数据的平滑性。该方法简单易行，并可做成递推形式，便于数据的实时处理。杨莉等[96]提出了一种改进的 53H 算法，通过产生一个曲线的平滑估计，将测量值与这一估计值进行比较来识别异常点。该方法能够有效外推，提高了数据的稳定性。但未提及数据平滑的处理，数据仍存在锯齿状波动。但总的来讲，上述方法主要应用于工业现场层，在工程领域的应用比较少见。

（2）Kalman 滤波。Kalman 滤波技术是 20 世纪 60 年代初由 Kalman 等人提出的一种递推式滤波算法。它是一种对动态系统进行实时数据处理的有效方法[97-105]。目前已经广泛应用于工程领域[106-113]。由于 Kalman 滤波理论对动态系统提出了严格的要求，即要求系统噪声和观测噪声为零均值白噪声，这一条件在实践中难以满足，加之 Kalman 滤波递推公式的推导不很严格，这就致使滤波结果失真、精度不高。针对这种缺陷，Y. J. Wang 等[97]出了抗差滤波方法，陶本藻[103]提出了模型误差识别方法。彭继兵等[104]依据 Kalman 平滑比滤波精度要高的原理，提出了将形变的估计问题视为 Kalman 平滑问题，给出了一种固定区间平滑算法。实践证明，利用 Kalman 最佳平滑器来处理滑坡位移监测数据，克服了传统方法中只将估计物体形变的问题视为 Kalman 滤波问题所存在的精度低的缺点。至于滤波模型状态方程的正确性检验，以及各期观测值中可能含有的系统偏差（如方位偏差和尺度偏差）对变形分析结果的影响在文献［105］中得到了论述。实际上，Kalman 滤波方法的关键在于建立动态模型（状态方程）和观测模型（观测方程）。模型拟定的好坏将直接影响控制和预报精度及计算的工作量。鉴于此，刘红新等人[106]利用自适应 Kalman 滤波对大跨径桥梁安全监控进行了分析，从实例分析结果中可以看出，自适应 Kalman 滤波的精度远远优于统计分析的精度，且自适应 Kalman 滤波方法具有计算时存储量小、计算速度快、实时性强等优点。从 Kalman 滤波原理可知，对动态系统应用 Kalman 滤波就是不断预报—修正—预报的过程，这个过程使得其计算过程复杂。为了提高计算效率和精度，刘大杰等[107]在 SP（Sigma Point）变换算法基础上给出了一种新的扩展型 Kalman 滤波方法 SPKF（Sigma Point Kalman Filter），它不仅具有较高的精度，而且不必计算偏导数阵。在对变形监测数据处理时具有良好的状态估计性能，而且使用简便，适合于非线性系统状态估计。在此基础上，刘大杰等[108]又提出基于卡尔曼滤波和指纹定位的矿井 TOA 定位方法，该方法基于卡尔曼滤波消除巷道突发 NLOS 时延的影响、基于历史和卡尔曼阈值的最近邻居指纹定位方法抑制巷道固定 NLOS 时延的影响，实现了精确定位，并通过现场试验验证了该方法在平直巷道中定位性能优于其他方法。为了能对各种原始监测数据的异常干扰进行滤波处理，同时有效地提高判定精度，何亮等人[110]建立了可应用于实际结构健康监测的离散时间动态模型。通过采用离散 Kalman 滤波估计和小波分析相结合的方法，建立了利用传感器精确估计整个系统运动状态的方法。实例验证和误差分析表明，采用本算法后，可以有效提高结构健康监测信息的精确性和完备性，具有很强的应用价值。王利等[111]提出用 Kalman 滤波法先对原始变形监测数据进行滤波处理，而后再建立 GM 模型进行灰色预测，并用实例证实了该法的有效性。

　　（3）小波分析。小波分析是 20 世纪 80 年代中后期发展起来的新兴学科，是 Fourier 分析的发展和重大突破。小波分析集中体现了数学理论的完美性和数学应用的广泛性，已成为众多学科共同关注的热点，用它可分析处理各种类型的信号，并已取得了显著的效果[114,115]。小波分析的核心是小波变换[116,117]，多分辨分析理论的提出[118]为正交小波变换的快速算法提供了理论依据，利用它可以快速、简捷地进行小波变换和逆小波变换。这个过程实际就是对信号进行分解和重构的过程。即先把信号中的各种频率成分从高向低逐步分离为不同频带，而要滤掉的噪声频率位于频带范围时，只需在信号重构过程中将其变为零即可实现信噪分离。有大量的学者和专家在小波滤波方面做出了显著贡献。如 S. Mallat[119]提出的多分辨分析概念，使小波具有带通滤波的特性，因此可以利用小波分解与重构的方法滤波降噪。该去噪算法简单，便于应用，但是去噪效果不是很好，无法保留尖峰和突变信号。1992 年，S. Mallat 又提出了奇异性检测理论，从而可利用小波变换模极大值的方法进行去噪。模极大值重构去噪方法是根据信号和噪声在小波变换下随尺度变化呈现出的不同变化特性提出来的，有很好的理论基础，因而去噪性能较为稳定，它对噪声的依赖性较小，不需要知道噪声的方差，特别是对低信噪比的信号去噪时更能体现其优越性。然而它有一个根本性的缺点：就是在去噪过程中存在一个模极大值重构小波系数的问题，从而使得该方法的计算量大大增加。另外，其实际去噪效果也并不十分令人满意。此后，Donoho[120-122]提出了非线性小波变换阈值去噪法，主要适用于信号中混有白噪声的情况。用阈值法去噪的优点是噪声几乎完全得到抑制，且反映原始信号的特征尖峰点得到很好的保留。其缺点是在有些情况下，如在信号的不连续点处，去噪后会出现伪吉布斯现象。由于白噪声具有负的奇异性，其幅度和稠密度随尺度增加而减少，而信号则相反。因此，随着尺度级数的增加，由噪声所控制的模极大值的幅度和稠密度会快速减少，而信号控制的模极大值的幅度和稠密度会明显增大。因此，在每一级尺度上都采用同一阈值显然不合适。因此，朱丽、吴光文、李红延等[123-125]研究自适应阈值法，以克服这种缺点，新的方法和通常阈值去噪方法相比，具有显著的优势，能够在滤除噪声的同时很好地保留信号的奇异性特征。1995 年，Coifman[126]在阈值法的基础上提出了平移不变量小波去噪法，它是对阈值法的一种改进。该方法在去除伪吉布斯现象，表现出更好视觉效果的同时，还能够得到比阈值法去噪更小的均方根误差（RMSE），并且提高了信噪比（SRN）。2000 年，Chang 等人[127]又将自适应阈值和平移不变去噪思想结合起来，提出对图像的空域自适应小波阈值去噪法，所选择的阈值能根据图像本身统计特征作自适应改变。

实测桥梁振动信号往往伴随冲击信号，而脉冲信号与白噪声都具有负的 Lipschitz 指数，其小波变换的模极大值同样随尺度的增大而减小，因此，在实时监测信号含冲击信号的情况下，单一的去噪方法并不是很适用。田鹏、石双忠等[128,129]提出一种基于小波消噪的时序分析改进法；田其煌、潘国荣等[130,131]把小波变换与神经网络有机结合起来，并通过实例验证了这些方法的有效性。但小波神经网络法还存在结构优化问题，其收敛速度、鲁棒性和预测精度还有待进一步提高。

1.3.4 安全监控模型

安全监控模型是利用实测数据建立原因量和效应量之间的数学关系，并据以对基础的工作性状和安全稳定性做出合理、客观的评判和预测。

传统的安全监控模型主要有统计模型、确定性模型和混合模型[132]。但这些模型难以较好地反映数据的非线性特征，而且模型精度在很大程度上受到所选因子的影响。为了解决上述问题，一些学者将人工神经网络（Artificial Neural Networks，ANN）中的误差反向传播（Back Propagation，BP）网络模型应用到安全监控的模型建立与预测预报等方面，取得了一定的效果[133,134]。但该模型采用最速下降法求解权值，计算过程较为复杂，而且存在收敛速度慢、容易陷入局部极值点等问题，其应用在一定程度上受到了限制。针对经典 BP 神经网络运行中存在的缺陷，翁静君等[135]提出了基于数值优化原理的 BP 神经网络，不仅解决了经典 BP 网络易陷入局部最小的弊端，而且应用的 0.618 分割选取法使网络能快速找到较优隐含层节点数，初始权值的自相关修正进一步提高了网络的稳定性；曾凡祥等[136]提出了基于 LM 算法的 BP 神经网络，比传统多因子逐步回归法预测精度高得多，比经典 BP 算法拥有更快的收敛速度和更高的预测精度。尽管如此，在建立基于神经网络的预报模型中，仍然存在网络规模和拓扑结构难以预先确定，网络学习速度慢，且易于收敛到局部最优点等"瓶颈"问题。这些问题只能靠经验、试算等手段给予一定的弥补，费时费力，而且在精度和速度上都受到很大限制。目前，国内外学者在改进方面做了大量的研究工作。例如，苏怀智等[137]引入遗传算法，将神经网络学习的含义扩展为拓扑结构的学习和阈值的学习，采用浮点数矩阵的形式表示网络参数，应用遗传算法同时确定神经网络结构和参数，且由于在遗传算法中实现了约束条件的吸纳，其精度、速度和适用性等均得到了很大的提高和拓宽；宋志宇等[138]提出了混沌优化支持向量机（Chaos Opti-mization Support Vector Machine，COSVM）方法，并根据实测数据建立了混沌优化支持向量机大坝安全监控预测模型，通过与统计回归模型和 BP 神经网络模型的对比分析可以得出，COSVM 模型具有更高的预测精度，同时在较长时段的预测中，也表现出更好的泛化推广性能。

安全监测的一项重要工作就是有效挖掘监测数据的内在信息，然而由于被测对象的多样性和复杂性，效应量（如应力、应变等）与原因量（温度、潮位等）存在大量的不确定性，这种不确定性具有随机性和模糊性，因此应用模糊数学中的聚类分析法进行安全监控模型研究也得到了一些研究者的青睐。例如，王绍泉[139]提出了大坝安全分析的多层次阈值模糊综合评判模型；马福恒等[140]依据模糊控制理论，应用模糊聚类分析法建立了复杂结构混凝土坝变形的预测模型；徐洪钟等[141]提出了一种应用于大坝安全监控的自适应模糊神经网络；蔡新等[142]将模糊理论引入土石坝优化设计；王铁生等[143]将模糊聚类算法与神经网络相结合，提出了基于模糊神经网络的大坝监控模型；王伟等[144]利用粒子群算法的全局搜索能力确定模糊聚类算法中的分类矩阵，并建立了相应的大坝安全监控模型；张磊等[145]针对粒子群算法在解决复杂高维空间问题时易于陷入局部极值点、过早收敛等缺点，提出协同粒子群优化（Cooperative Particle Swarm Optimization，CPSO）算法，并将其应用于大坝安全监控神经网络模型的权值寻优求解中，以实例说明了该网络模型较其他神经网络模型在收敛性以及预测精度等方面的优势。

以上方法建立的安全监控模型主要应用于大坝安全监测中。近年来，随着土木工程建设的蓬勃发展，许多专家、学者将神经网络、遗传算法、灰色模型等引用到了基坑、边坡和洞室开挖及桥梁结构健康监测的安全预报中，取得了良好的效果[146-150]。然而大型桥梁地基基础的安全监控模型理论研究却屈指可数。仅有陈志坚[151]对悬索桥地基基础及层状岩质高边坡的监测技术和监测模型进行了研究，首次提出了基于外观成果的边坡安全性综合评判模型和基于内观成果的边坡稳定性预测预报模型；朱晓文[92]引入小波神经网络建立安全监控模型，提出灰色神经网络概念，并给出了具体结构。最后，通过实例说明建立基于神经网络的监控模型，可以获得较高的分析预报性能。刘大伟[13]在研究群桩基础受力特性的基础上，利用 BP 神经网络建立了单桩轴力监控模型、群桩桩顶轴力分布监控模型以及基桩轴力随桩身深度分布的监控模型，有一定的实用性。然而其模型仅考虑了施工荷载对基础受力的影响，忽略了环境因素的影响，从而不能正确评价最不利工况组合时群桩基础的安全状况。本书将考虑环境因素对群桩基础受力的影响，并针对影响因素的不确定性，采用模糊推理融合算法构建安全评判模型。

1.4　数据融合研究现状

数据融合（Data fusion）的概念产生于 20 世纪 70 年代初，并于 20 世纪 80 年代发展成为一门技术[152,153]。1986 年，美国国防部和美国海军联合成立数据融合专家组（Data Fusion Subpanel，DFS）负责这一领域的研究和开发；1988 年，美国国防部将 C^3I 的多传感器数据融合技术列为 20 世纪 90 年代重点研究开发的 20 项关键技术之一；到了 20 世纪80年代末期，一些数据融合系统研制成功，它们着重于对现有的军用传感器数据进行有效的融合处理，称为第一代数据融合系统，而进入20世纪90年代后，各发达国家针对数据融合设计的混合传感器和处理器，则称为第二代融合系统。主要有美国的全源信息分析系统（ASAS）、战术陆军和空军指挥员自动情报保障系统（LENSCE）和敌态势分析系统（ENSCS）；英国的莱茵河英军机动指挥控制系统（WAVELL）、舰载多传感器数据融合系统（ZKBS）、炮兵智能数据融合示范系统（AIDD）和飞机的敌/我/中识别系统（ZFFF）等。此时，法国和德国在此领域的联合研究也已进入实用化阶段，如两国的紫外预警系统研究项目 MILDS-2 以及 DASA MILDS-2 导弹发射和探测系统等。

1996年，美国将 C^3I 系统发展为 C^4I（Command，Control，Communications，Computing and Intelligence），并在1997年提出，到2010年建成 C^4ISR 系统［S 和 R 分别为 Surveillance（侦测）和 Reconnaissance（侦察）］。一体化 C^4ISR 系统是一个集战场感知、信息融合、智能识别、武器控制等核心技术于一体来实现军事指挥自动化的综合电子信息系统，它几乎涵盖了战场上所有的军事电子技术功能和装备，受到了世界各军事大国的高度重视。2001年，美国又提出到2030年建成 C^4KISR 系统（K 为 Killing）。以上系统代表了军事领域的最新成果与发展方向，而数据融合正是这些系统的核心技术之一。

在学术研究方面，国际上对数据融合技术也在不断深入。自美国从20世纪80年代末开始举办每年两次的关于数据融合领域的会议以来，数据融合的论文不断得到发表。1994年10月，在美国内华达州拉斯维加斯召开的 IEEE International Conference on Multisensor Fusion and Integration for Intelligent Systems，标志着作为一个新兴学科，数据融合技术已得到国际权威学术界的承认。1997年，美国又成立了国际信息融合学会（International Society of Information Fusion，ISIF）。同年由 NASA 研究中心、美国陆军研究部、IEEE 控制系统学会、IEEE 信号处理学会、IEEE 宇航和电子系统学会发起每年一次的信息融合国际会议（International Conference on Information Fusion），使全世界有关学者都能及时了解和掌握信息融合技术发展的新动向，促进了信息融合技术的发展。如今，美国、英国、德国、法国、加拿大、俄罗斯、日本、印度等国都有学者在开展数据融合技术的研究，其研究内容和成果已大量出现在各种学术会议和公开的学术期刊上[154-157]，如美国三军数据融合年会、SPIE 国际年会、IEEE Trans. on AES、IEEE Trans. on IT、IEEE Trans. on AC、IEEE Trans. on IP、IEEE Trans. on SMC 及其他 IEEE 的相关会议和会刊中。

我国在数据融合技术方面的研究工作起步较晚，到20世纪80年代末才开始出现有关数据融合技术研究的报道。20世纪90年代初，这一领域在国内才逐渐形成高潮。目前，也已取得大批理论研究成果。例如，四川大学研制的多航空雷达数据融合系统，该系统性能达到了世界领先水平；中国科学院遥感所开发的图像数据融合软件，也已成功地应用在卫星地面站的图像分类与识别中。与此同时，一些融合领域的学术专著和译著相继出版，如康耀红的《数据融合理论与应用》[158]、刘同明等的《数据融合技术及其应用》[159]、杨万海的《多传感器数据融合及其应用》[160]、徐科军的《传感器与检测技术》[161]、杨国胜等的《数据融合及其应用》[162]以及美国 Lawrence A. Klein 著，戴亚平等译的《多传感器数据融合理论及应用》[163]。从 20 世纪 90 年代末至今，数据融合技术在国内也已发展成为多方关注的关键技术，出现了许多热门研究方向，如多传感器遥感图像的融合、机动目标跟踪、航迹关联、识别与分类、多传感器目标定位、分布信息融合、态势评估与威胁估计以及其他非军事领域中的应用等[164-169]。

在多传感器诞生初期，数据融合主要有两种技术手段，即 Bayes 估计和 Dempster - Shafer 证据理论。随着信息融合技术在很多领域的不断推广，神经网络、模糊集理论、专家系统等方法也迅速得到发展。特别是近年来，随着传感器技术、信号检测与处理以及计算机应用技术的发展，数据融合技术的应用更加广泛[170-196]。

2006 年，邱佩璜等[185]提出一种基于 Bayes 网络数据融合技术的结构健康监测方法。该方法有效地利用了各信息源之间的互补性，提高了健康评估的准确率、可靠性和稳健性。同年，刘青松[186]提出的基于小波去噪和数据融合的多传感器数据重建算法，对提高被监测量的精度很有意义。2007 年，唐娟等[187]采用改进了的 D - S 理论和专家系统相结合进行数据融合，提高了温室环境监测的精确度，从而实现对番茄生长环境的调控。另外，Kalman 滤波技术在控制领域得到广泛应用后，也逐渐成为多传感器信息融合系统的主要技术手段。Salahshoor、Karim 等[188]采用多传感器数据融合技术加强过程监测以检测和诊断传感器及其处理过程中的缺陷，并基于 EKF（Extended Kalman Filter）数据融合算法对多传感器数据进行了融合；焦莉等[189]在重大工程结构健康监测数据处理中基于一致性算法，提出一种改进的多传感器数据融合技术，该数据融合技术克服了一致性算法中两传感器在测量精度不同时置信距离不同的缺点，并对支持矩阵进行模糊化处理，避免了人为定义阈值而产生的主观误差。有效地减小由于扰动因素造成的测量数据的变化。肖韶荣等[196]基于多传感器数据融合理论，构建了一种多通道光纤位移传感器。用一根光纤作为输入通道，三根光纤作为输出通道，每两通道构建一个双通道光纤位移传感器。对不同双通道传感器输出进行数据融合处理，拓宽了传感器的测量范围。同时，对传感器测量结果进行归一化处理，得到传感器的多条输出特性曲线，并在多条输出特性曲线中选取合适的区域作为传感器的工作区间，最后，分别采用回归分析和神经网络算法对选取的工作区间进行数据融合处理。其试验结果表明，多通道光纤位移传感器结合适当的数据融合方法，可以提高系统的测量精度和稳定性。

1.5 主要研究内容及技术路线

1.5.1 主要研究内容

本书结合国家重点基础研究发展规划项目（973 项目）"灾害环境下重大工程安全性的基础研究"之课题七："多因素相互作用下地质工程系统的整体稳定性研究"（项目编号：2002CB412707）、国家"十一五"科技支撑项目"苏通大桥建设关键技术研究"之课题五："深水群桩基础施工与冲刷防护成套集成技术研究"（项目编号：2006BAG04B05）和江苏省交通科学研究计划项目"超大型钻孔桩群桩基础关键技术研究"（项目编号：04Y029），依托苏通大桥主桥索塔地基基础稳定及安全监控工程实践，针对该大桥超大型深水群桩基础安全性的广角度监控开展研究工作。主要内容如下。

（1）结合苏通大桥工程实践，在大量文献阅读和调研的基础上，深入阐述了超大型复杂群桩群桩基础承载性能和安全稳定性的研究方法及存在的技术难题。

（2）以临近长江口的苏通大桥主墩群桩基础为例，在系统阐述大跨径斜拉桥及其超大型深水群桩基础建设环境、组成结构、施工过程和施工工艺的复杂性和特殊性的基础上，深入分析并阐述了深水群桩基础广角度监控的必要性，针对可能存在的安全稳定问题，开展多尺度和广角度监测技术及监测方案优化研究，系统地提出了深水环境下水深传感器、钢护筒表面应变计、钢筋应力计、混凝土应变计、桩底顶出式压力盒、静力水准观测系统和剖面沉降观测系统的安装埋设新技术；制定了广角度监控系统的设计原则，并从系统可靠度和效益-成本原则出发，建立了监测系统的优化模型，给出了实现其优化设计的模拟退火遗传算法。实践表明，为了确保深水群桩基础监测数据的可靠性，水下传感器安装埋设技术的研究十分必要。

（3）以苏通大桥深水群桩基础的实测数据为背景，在深入分析潮汐河段大跨径斜拉桥及其深水群桩基础施工工况、环境因素以及实测数据特点的基础上，阐述了监测数据异常成因和异常类型；对比分析了常用的数据异常值检出方法，并结合实例阐述了小波多尺度滤波方法在深水群桩基础实测数据处理和分析中的应用，实现了不同因素影响的逐层剥离。结果表明，小波多尺度滤波技术不仅可在大样本的深水群桩基础实测数据中可靠地检出异常值，而且可以剥离隐含在实测数据中的异常值和异常过程。

（4）针对深水群桩基础复杂的安全问题以及相互交织的影响因素，开展多传感器数据融合技术研究，采用基于 Bayes 最优估计融合方法，对群桩基础的主要影响因素进行了层次分析，并根据其分布特性，选取相应阈值；利用小波多尺度滤波技术对实时观测数据进行非线性阈值消噪处理；最后采用基于最优权值估计融合方法，对剔除各环境因素后的实测数据进行最优融合估计，从而获得反映群桩基础真实结构响应的结果，为进一步的理论分析提供了可靠依据。

（5）在分析深水群桩基础沉降和差异沉降主要因素基础上，将 D-InSAR 技术、高精度微压传感器技术、静力水准技术和剖面沉降观测技术集成为多尺度监测技术。利用该技术对索塔主桥墩沉降和差异沉降进行实时监测，获取的海量数据则通过小波噪声剥离剔除异常值，最后对静力水准和剖面沉降监测数据进行数据融合，从而获取深水群桩基础差异沉降更加精确可靠的监测结果。

（6）针对深水群桩基础安全稳定性的影响因素诸多、影响程度各异，且有些因素具有很强不确定性的特点，在深入分析深水群桩基础安全稳定问题特点的基础上，将模糊推理融合技术引入深水群桩基础安全性的综合评判，采用融合后的广角度监测数据作为模糊输入因子，并使用层次分析法进行评判因子权重赋值，进而依据数据融合算法将隶属度向量进行综合处理，从而获得超大型深水群桩基础安全稳定性的确定性评判结果。研究结果表明，测点异常率、桩侧负摩阻力、桩顶轴力分布的不均匀性、群桩基础沉降、承台差异沉降、桩端反力、承台混凝土应力因子、基桩安全系数及不确定因素是 9 个重要影响因子。

1.5.2 技术路线

本书研究的技术路线如图 1.1 所示。

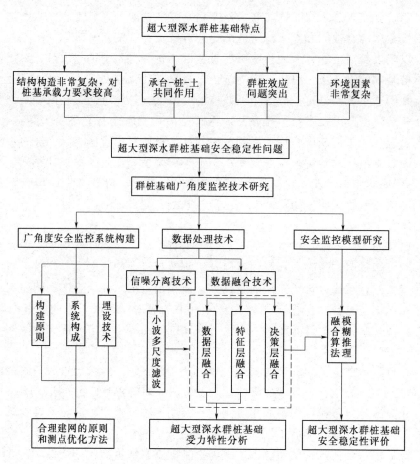

图 1.1 技术路线图

第 2 章　广角度安全监控系统的构建

　　群桩基础是大型工程广泛采用的一种基础型式，其总体发展趋势是规模越来越大、建设标准越来越高、造型越来越独特、结构越来越复杂、建设条件越来越恶劣、对基础承载力和稳定性的要求越来越高。然而，目前的规范均是以小直径的中短桩为理论和试验基础，对于基桩长度和直径日益增大的超长桩来说，其理论研究水平远远落后于工程实践，特别是超长大直径钻孔灌注桩群桩基础的承载特性、群桩效应、承台-桩-土的共同作用及桩底后压浆等问题还有待于更深入的分析和研究。这种现状使得广角度安全监控技术作为一种可靠的手段渗透到了超大型深水群桩基础建设的各个环节，为超大型深水群桩基础设计理论的完善和施工技术的发展提供有力支撑。

2.1　深水群桩基础的复杂性

　　通常认为，桩径 $D \geqslant 800mm$、桩长 $L \geqslant 50m$、长径比 $L/D \geqslant 40 \sim 70$ 的桩为超长大直径桩[197-199]。由于施工工艺和施工设备的限制，目前常见的超长大直径桩多为钻孔灌注桩，而由超长大直径桩构成的基础则为超大型群桩基础。在桥梁基础工程中，将水深在5m 以上，不能用一般围堰（如土围堰、木板桩围堰等）防水技术施工的桥梁基础又称为深水基础。二者兼备即为超大型深水群桩基础。

　　从系统工程角度看，超大型深水群桩基础是一个开放复杂的巨型系统。它由基础工程（包括建设场地的地质环境、基础形式及材料、施工流程和工艺等因素）、上部结构（主要考虑结构与构造型式，它决定了群桩基础的受力条件和对稳定性的要求）和外部环境（水文、气象因素等）3 个子系统构成，它们之间互相依存、相互影响，从而使深水群桩基础表现出极其复杂的特性。

2.1.1　结构构造的复杂性

　　场地地基的工程地质条件和上部结构的特点以及使用要求在一定程度上决定着基础的型式。苏通大桥桥位区位于长江下游感潮河段，水深流急、地质条件复杂，河床覆盖层深厚（基岩面高程在 $-270m$ 以下），为浅海、滨海、泻湖、河湖相地层，相变和厚度变化均较大，共由 22 个工程地质岩组组成[46]。另外，索塔高度超过 300m，荷载巨大且作用点高。为了满足千米跨径斜拉桥对承载力、沉降以及船撞和地震等条件下的整体稳定性要求，其主塔群桩基础的规模十分巨大，由 131 根、长 117m（北塔墩）/114m（南塔墩）、直径 2.8m/2.5m 的变径钻孔灌注桩及变厚度哑铃型承台构成，如图 2.1 和图 2.2 所示。

2.1.2　传力机理的复杂性

　　从工作机理来讲，苏通大桥的群桩基础属于摩擦桩。由于基桩超长，达 117m；桩数

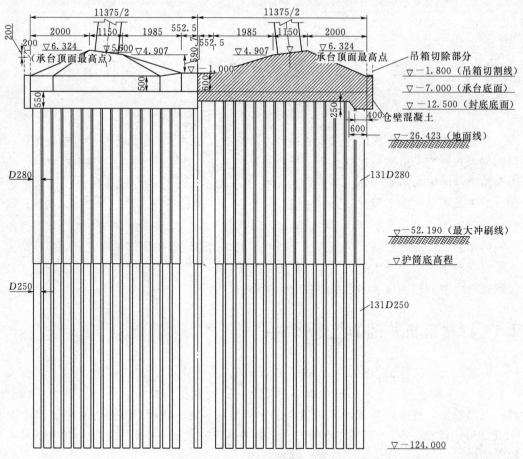

图 2.1 苏通大桥索塔群桩基础横剖面图（单位：cm）

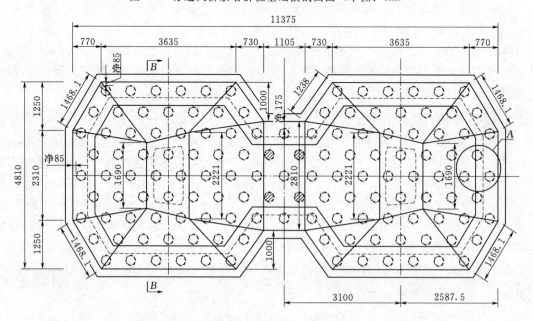

图 2.2 苏通大桥索塔群桩基础平面图（单位：cm）

众多，达 131 根；桩距较小，为 6.75m，小于 6 倍的桩径（通常认为桩间距不小于 6 倍桩径时，可不考虑群桩效应问题）。已有研究结果表明，这些特点使得其存在突出的群桩效应问题。

从某种意义上说，研究群桩荷载传递特性的实质就是研究群桩效应问题，它主要表现在承载性能和沉降特性两方面。其中，在沉降方面，群桩的沉降量明显大于单桩。在承载力方面，群桩的竖向承载力通常小于各单桩竖向承载力之和，但有时也可能不小于各单桩竖向承载力之和，这与桩的刚度、时间、土中应力状态以及桩的施工方法等因素有关，如预制桩的群桩竖向承载力就可能大于各单桩竖向承载力之和。而桩端阻力则与土的性质、持力层上覆荷载、桩径、桩底作用力、时间及桩底端进入的持力层深度等因素有关，但主要影响因素为桩底地基土的性质。

从结构上来讲，群桩基础呈现多元化特性。这是由于位于深水环境下的桩基础属高桩基础，无论是钻进施工还是桩身混凝土浇筑，基桩的中上部均需设置钢护筒。故每根桩都是钢管桩（从受力角度而言，钢护筒就是通常意义上的钢管桩）与灌注桩的组合体或混合体，且钢护筒不可避免地参与了群桩基础的共同作用，从而导致群桩基础的传力机理更加复杂。

2.1.3 环境因素和施工过程的复杂性

1. 复杂的河床冲刷和局部强冲刷

处于深水环境中的基础周围会因水流运动中复杂的壅水和绕流产生剧烈的冲刷，从而使得深水工程的基础冲刷问题成为影响基础功能实现的一个重要因素。

2. 复杂的双向潮汐作用问题

苏通大桥所在河段为弯曲与分叉混合型中等强度的潮汐河段[200]。潮汛为非规则半日浅海潮，潮位每日两涨两落，属典型的半日潮（潮位和潮流的日变化周期及相关关系如图 2.3 所示）。受径流和河床阻力作用，潮波变形比较显著，前波陡而后波平缓。自下而上，涨潮历时逐渐缩短；落潮历时逐渐延长，潮差递减。桥位区河段处于涨落潮流共同作用，且以落潮流为主的河段。潮流在一日内有两个变化周期，每个周期历时一般为12h 25min。由于桥位区平均高潮位为 1.817m，最大潮差可达 4m，而体积巨大的群桩基础承台位于长江水面线附近。故潮位变化以异常过程的低频形式影响着群桩基础原因量与响应量之间的相关关系。对于平面面积达 5600m² 的主墩基础，潮位涨跌引起的浮力变化达 200MN。随着潮位的变化，基桩承受的荷载处于不断变化之中。已有的实测结果表明，即使是 −95m 高程断面，其轴力也呈现出与潮位的紧密相关性。在潮起潮落过程中，随着浮力的剧烈变化，群桩基础长期承受低频循环荷载作用，由此产生的工后沉降及其对群桩基础承载性能的影响，目前仍未见公开研究成果。

3. 气象因素引起的复杂结构响应

气象因素包括温度变化、日照辐射、风、雨、台风及雪等。苏通大桥索塔高 300.6m，为薄壁钢筋混凝土结构，索塔锚固区采用钢锚箱式的钢-混组合结构[201]，属侧向刚度较弱的高耸构筑物，在日照辐射作用下，由于阴面和阳面的塔壁温度存在较大差异而使索塔产生倾斜变形，而这种响应将直接影响群桩基础的受力条件。另外，季节性温度变化也会

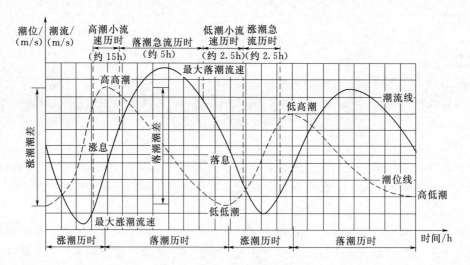

图 2.3 潮位和潮流的日变化周期及相关关系

导致实测数据中叠加额外的温度应力，并以低频的异常过程形式影响着基础的受力特性。已有的实测结果表明，虽然日照辐射产生的索塔倾斜幅度不大，但由于塔顶作用的荷载巨大且作用点高，在日出日落过程中，使群桩基础承受较大的低频往复循环弯矩作用，由此产生的工后沉降及其对群桩基础承载性能的影响目前仍缺少研究。

4. 复杂的施工过程

与陆地上群桩基础不同的是，深水群桩基础的施工过程和环节更加复杂，并与复杂、恶劣的环境因素相互交织，使安全和施工质量隐患大幅增加。主要的施工过程包括：钢筋笼制作（钢筋笼的总长达 120m，需分为 10 节在岸上制作和预拼装，每节长约 12m）；钢筋笼的沉设（10 节钢筋笼，需在钻孔孔口进行吊装、预拼和接长后再沉设）；桩身混凝土的灌注（需采用导管法进行水下连续灌注，质量隐患难以杜绝）；桩底压浆（当桩身混凝土达到一定的强度后，由预留在桩身内的压浆管进行压浆）；钢套箱制作和整体沉放（钢套箱总长 117.35m、宽 51.70m、高 16.90m，总重 50～60MN，施工过程中面临江阔、水深、流大、风疾、浪高以及船舶撞击危险等复杂的外部条件）；钢套箱混凝土封底（封底混凝土厚 3m，采用导管法进行水下浇筑）；钢套箱内抽水（钢套箱的主体位于长江水体之中，江水对套箱产生的浮力约达 $5 \times 10^5 kN$）；承台分层浇筑（混凝土体积为 $6.5855 \times 10^4 m^3$，存在突出的温控问题，需采用分区、分层浇筑方案）。

鉴于此，开展了广角度安全监控技术研究，即在深入分析深水群桩基础复杂性与面临的技术难题的基础上，综合集成先进的传感器感知技术，对基础施工及使用过程中的多个变量，如应力应变、沉降和差异沉降及气象因素、潮差、河床冲淤等因素引起的结构响应进行广角度监测，并运用先进的数据处理方法对其进行融合分析，以获取对深水群桩基础整体安全状况的广角度认识和评价。

显然，广角度安全监控技术的运用主要取决于广角度监测传感器系统的合理构建。通常需要考虑以下几个方面的问题。

（1）考虑群桩基础的类型、结构、规模、地基土层分布、施工工艺及受力特点以确定监测项目和监测内容。

（2）根据监测项目和监测内容建立系统构架，明确系统组成及各子系统的功能。

（3）考虑各子系统的监测内容及目标以确定各子系统的规模。

（4）在满足功能要求、成本-效益原则的前提下，对方案进行可靠性优化设计。

本章将结合苏通大桥索塔地基基础稳定与安全监测工作对深水群桩基础广角度安全监控系统的监测内容、系统构成、设计原则及传感器安装埋设关键技术等方面进行论述。

2.2 群桩基础安全监测目的及内容

监控系统的设计首先应考虑该系统监测的目的和功能。安全监控系统的目的可以是对监测对象进行监控与评估，也可以是设计验证，甚至可以是仅以研究开发为目的。通常，一旦明确了监控系统的目的，系统的监测项目就可以基本确定。针对深水环境下的超大型群桩基础，其主要功能目标是为了确保工程的安全施工和安全运营，其次兼顾群桩基础的设计验证以及传力机理、群桩效应等问题的论证。故其安全监测的重点研究内容可以确定如下。

（1）超长大直径钻孔灌注桩的传力机理。

（2）群桩效应及其对桩基础安全稳定性的影响。

（3）基桩桩顶轴力分布不均匀的原因及其对桩基础安全稳定性的影响。

（4）沉降及差异沉降对桩基础安全稳定性的影响。

（5）考虑群桩效应和大体积混凝土水化热影响的承台受力安全性。

（6）河床冲淤及其演变规律对桩基础安全稳定性的影响。

（7）桩底后压浆效果及其对自平衡法静载试验结果的验证。

（8）成桩质量、孔底残渣、泥皮厚度及其对群桩基础承载性能的影响。

2.3 广角度安全监控系统构成

由于深水群桩基础规模庞大、结构复杂，需要研究的问题复杂多样。因此根据被监测对象的研究目标，将广角度安全监控系统划分为感知传感器及数据采集系统、数据融合系统和决策系统 3 个部分（图 2.4），分别对群桩基础的承载特性、沉降特性、河床冲淤状况及其不确定原因量进行监测，并利用先进的数据处理和融合技术获取超大型深水群桩基础的安全评价。

2.3.1 传感器感知系统

传感器系统作为超大型深水群桩基础安全监控系统的核心，要求合理地布设监测传感器，以满足多尺度层次与广角度范围、长期稳定性与高度可靠性、多参数同步测控等要求，从而获取全面、连续的多源信息，以期真实、客观、全面地捕获反映群桩基础安全稳定性与运行状况信息。

合理布设监测传感器主要包括各类传感器的功能选择和传感器在结构中的优化布设。显然，作为多信息源的关键设备，传感器的性能越好（传感器的性能主要表现在精度、可

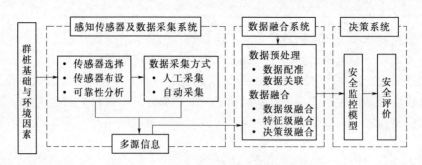

图 2.4　广角度安全监控系统结构框图

靠性、长期稳定性、信噪比、分辨率、量程等方面)，在结构中布设的数量越多，得到的局部响应信息就越丰富，从而更有利于分析群桩基础真实的工作性态。然而，性能越好的传感器的价格也就越高。在监控系统设计和优化过程中，技术经济指标是不得不考虑的重要因素。因此，如何以尽可能少的传感器获取尽可能多的响应信息，也是超大型群桩基础安全监控系统设计的关键技术之一。

针对苏通大桥超大型深水群桩基础安全稳定问题的特点，其广角度传感器监测系统需由以下几个子系统组成。

1. 河床冲刷和淤积监测子系统

河工模型试验表明，由于桥位区流速较大、河床底质层抗冲性能差，在重现期为 300 年的洪水作用下，主墩基础周边将出现最深达 30m 的冲刷坑。同时，在桩基础施工时，临时搭设的施工平台也由于河床冲刷而存在一定的安全风险。为了确保施工安全和河床稳定，提高群桩基础的安全储备，在工程实施过程中对索塔基础范围内和周围河床进行冲刷防护。河床冲刷深度可以采用水下地形测量方法，目前主要有地形尺测深、测深杆测深、测深锤测深。但对于处在水深流急环境中的工程，上述方法受到水流流速和测量深度的限制。更为困难的是，对于超大型深水群桩基础，当钢套箱封底混凝土尤其是承台混凝土浇筑完成后，需要重点监测的群桩基础内部的河床冲淤情况，上述方法无法实施。为了有效监测河床的冲淤情况以及冲刷防护的效果，及时为工程施工提供参考依据，采用大尺度的船载多波束回声探测技术定期进行桥位区宏观河床和防护层形貌扫测。然而，该法对于群桩基础内部核心区域的冲淤监测由于基桩的障碍作用而无法实现。为此，将水深传感器观测技术引入河床冲刷监测，将顶出式压力盒观测技术引入河床淤积监测，建立由高精度水深传感器和潮位传感器以及顶出式压力盒组成的可进行连续、实时、快速观测的重点部位河床形貌监测网。

2. 群桩传力机理和受力安全性监测子系统

(1) 为了满足钻孔施工和桩身混凝土浇筑的要求，深水群桩基础需要设置钢护筒，且对于满足存在船撞威胁的高桩承台基础的水平承载力和整体稳定性的要求，钢护筒被保留为永久的受力构件。故深水群桩基础的基桩是钢管桩和灌注桩的组合体，由于钢护筒内壁光滑，且不可避免地附着钻孔护壁泥浆所形成的泥皮。所以，钢护筒与灌注桩之间的黏结强度具有很大的不确定性。钢护筒不可避免地参与了群桩基础的共同受力，其受力和传力情况与灌注桩存在难以预测的差异。

(2) 对于深水高桩承台基础，钢套箱只能以钢护筒作为支撑，故钢套箱及其封底混凝土、承台底层钢筋及首层混凝土的巨大荷载均需由钢护筒传递给灌注桩和桩周土，由此灌注桩的中上部可能承受负摩擦力作用。

(3) 对于超深大直径钻孔灌注桩，孔底残渣问题往往较为突出，为了提高群桩基础承载性能的安全储备，采取了桩底后压浆措施，这可能在一定程度上改变了群桩基础的传力机理。

(4) 对于超深钻孔灌注桩，孔斜和基桩的铅垂度问题仍然十分突出，从而导致基桩在垂向荷载作用下派生出复杂的弯应力。对于深水群桩基础，由于存在局部冲刷而导致的整体倾斜变形问题。更为复杂的是，深水群桩基础属高桩承台基础，苏通大桥主墩（北主墩）的桩顶高出河床面约 24m，桩顶之上最大厚度达 13m 的承台重达 1250MN，而且高度达 300m 的、侧向刚度较弱的索塔上部需安全承受约 1000MN 的荷载。此外，还存在船撞的风险。故群桩基础的倾斜变形将导致严重的整体稳定问题。

(5) 由于桩长达 117m，而桩距与桩径之比仅 2.29（桩基规范规定：群桩效应系数中的最大桩径比为 6）。按目前的理论和工程实践经验，群桩效应问题会很严重，从而使群桩基础的承载性能显著降低。工程前期开展的离心模型试验和三维土工有限元模拟的研究结果表明，由于群桩效应，导致周边桩的桩顶轴力明显大于承台中心部位桩的桩顶轴力（最大值是最小值的 4 倍），这导致承台底面长期处于不利的受拉状态。

(6) 由于群桩效应问题的不利影响之一是导致周边桩的桩顶轴力明显大于承台中心部位桩的桩顶轴力，这将导致承台底面长期处于不利的受拉状态。而且，由于承台的平面面积达 5603m²、最大厚度达 13m，故大体积混凝土的温度应力问题也较为突出，从而加剧了承台底面的拉应力问题。

综上所述，深水群桩基础的传力机理和受力安全性需要广角度的监测系统，就监测项目而言，既要考虑基桩的受力和传力，也需兼顾基桩的弯曲和倾斜变形；就监测内容而言，既要监测桩身钢筋和混凝土的受力，也需监测桩底土层的受力，更须监测钢护筒的受力、承台大体积混凝土的温度应力，同时还需要考虑与河床冲刷、承台应力监测的协调问题；就监测断面的布置而言，既要考虑地基土层的分布，也需考虑基桩的组成结构，还需考虑因冲刷而导致的河床面迁移以及桩底后压浆的影响；就监测桩的平面布置而言，既要考虑因群桩效应而导致的基桩荷载分布不均匀问题，还需考虑因群桩基础和索塔倾斜而导致的桩顶轴力分布不均匀问题。

由于深水群桩基础的基桩由钢护筒、钢筋和混凝土组成，且直径达 2.8m，故其基桩轴力不能通过传感器直接测得。需分别采用钢筋应力计观测基桩中钢筋的轴力、采用混凝土应变计观测桩身混凝土的应变、采用表面应变计观测钢护筒的应变，从而根据基桩的组成结构换算基桩轴力；对于桩底土压力，则引入顶出式压力盒测试技术；基桩的弯曲和倾斜变形，综合采用成熟的滑动式伺服加速度测斜技术和固定式电解液测斜技术。

3. 承台沉降和差异沉降以及受力安全性广角度监测子系统

(1) 沉降及其过程是表征群桩基础承载性能的重要指标。此外，由于河床不均匀冲刷等因素的影响，群桩基础存在差异沉降的可能。而对于高度达 300.6m 的索塔，基础的差异沉降将对索塔受力产生重要影响。研究结果表明，索塔地基基础的沉降过程是渐近的，每一周期的沉降观测值往往是微小的，承台的差异沉降则更小。所以，沉降和差异沉降观测网的优化、观测点的合理布置、观测时间的合理安排至关重要。对于沉降和差异沉降的观测，通常采用精密大地测量方法，但对于远离岸边、位于长江深水区的索塔群桩基础，精密大地测量方法具有明显的缺点：不易于实现连续监测和测量过程自动化，外业工作量大，作业时间长，对位于潮差较大的潮汐河段的群桩基础，潮位变化使群桩基础承受的浮力存在很大差异（达 200MN），从而使不同测次以及同一测次不同测点的观测条件不具可比性。当施工平台狭小时，观测作业受施工和通视条件干扰大，容易导致某些工况（往往是施工繁忙的重要工况）的某些测点无法观测，且观测点容易受到施工损坏，这在一定程度上影响观测资料的连续性和完整性。大部分测点位于宽阔的长江水面上，观测精度受气象因素影响较大，对于小变形的索塔地基基础（尤其是承台的差异沉降），当观测频度较高时，观测结果往往难以分析利用，这将给施工进度较快工况的观测资料分析造成一定的困难。为此，十分有必要解决承台沉降和差异沉降观测的技术难题。

（2）上部结构的斜拉桥索塔采用倒 Y 形结构，两个塔肢的倾角约 82°，不仅荷载巨大、作用点集中，而且使承台承受双向弯矩作用。故承台存在挠曲变形的可能，也使得受力十分复杂。

（3）由于河床冲刷过程的不确定性和渐进性，将导致群桩基础持力层厚度不断变化、内部应力和桩侧摩阻力的不断迁移，从而加剧其工后沉降问题。

综上所述，承台沉降、差异沉降以及受力安全性也需要广角度的监测系统，就监测项目而言，既要考虑承台的受力和传力，也需兼顾承台的弯曲和倾斜变形；就监测内容而言，既关心监测承台的沉降，更关心承台的差异沉降以及承台的应力和大体积混凝土的温度应力；就监测断面的布置而言，既以纵桥向的监测剖面为主，也需兼顾横桥向监测剖面；就监测点的平面布置而言，既要考虑因群桩效应而导致的差异沉降，还需考虑因河床不均匀冲刷和索塔倾斜而导致的群桩基础整体倾斜问题。

调查研究表明，承台沉降和差异沉降以及受力安全性广角度监测子系统的关键技术问题是沉降和差异沉降的多尺度高精度实时监测。沉降和差异沉降的多尺度监测技术可描述为：利用微压传感器技术获取群桩基础承台上某个静力水准点的高精度绝对沉降值；根据这个静力水准点的绝对沉降观测值，获取承台上一系列静力水准点的高精度绝对沉降值；利用一定数量的高精度静力水准沉降观测值，修正大量的剖面沉降观测值，从而获取群桩基础差异沉降在平面上的分布规律。在此基础上，利用 D-InSAR 沉降监测技术获取全桥位区的沉降和差异沉降分布规律。当然，也可以利用剖面沉降观测技术获得的群桩基础差异沉降分布规律和微压传感器、静力水准观测技术的高频度连续观测的优点，采用插值法获得所需时间（该时刻没有剖面沉降观测结果）的群桩基础差异沉降平面分布规律。该方法的优点是：能够实现全天候、密集准连续观测，从而实现对重要工况（或突发事件）、重点部位、重点问题的实时快速监控。而且观测精度高，观测精度为 0.1mm；外业工作量小，作业时间短，且易于实现连续监测和自动监测；无通视要求，观测作业不受施工干扰，观测成果不受气象因素、环境温度等影响，观测精度稳定性好；对差异沉降观测具有明显优势。

2.3.2 数据采集系统

由于超大型深水群桩基础安全稳定问题以及监测传感器工作环境的复杂性和特殊性，传感器输出的信号通常多为非标准量。因此，确保在恶劣环境下对各类传感器进行快速、准确、可靠、稳定的数据采集是保证广角度安全监控系统实现监控目标的重要前提。

对于超大型深水群桩基础广角度安全监控系统而言，数据采集是实时在线而且连续进行的。除了个别情况需要人工读数仪进行数据获取以外，大部分的数据需要通过数据自动采集系统来完成。其基本原理是采集仪将量测的传感器非电量信号转换成电信号，并通过模/数转换，将数据直接输入到计算机中。一套数据采集系统由数据采集硬件系统和相应的软件系统组成，它可以将数据测量阶段和整理阶段合二为一，实现自动、快速、多点测量和记录。常用的自动采集系统有以下几种。

(1) GeoMonitor 自动采集系统。瑞士 GeoMonitor 自动采集系统主要由多路传输器、报警器、看门狗、数据控制器、总线、无线或有线的调制解调器以及计算机与相应的软件等组成。具有通道数量多（最多可扩展到 240 个）、兼容性强（能对多类功能的传感器实时测量），能够实现自动显示监测过程及远程监控等优点。

(2) Datatake 自动采集系统。澳大利亚 Datataker 智能可编程数据采集仪的数据采集系统能够不依赖计算机控制进行实时、独立地数据获取及记录。采集仪主要由主采集模块、CEM 扩展模块、便携式电源和控制软件组成。具有精度高、稳定性好、兼容性强、适用范围广、数据存储量大、控制软件功能强大及仪器可操作性强等优点。

(3) MICRO40 自动采集系统。美国基康 MICRO40 自动化数据采集单元属分布式数据采集装置，集数据采集、数据管理、通信管理和数据分析于一体。采集仪主要由采集模块、便携式电源和控制软件组成，可监控多种类型传感器，并同时可对 40 个振弦式传感器进行实时监控，支持频率范围为 $500 \sim 5000\,Hz$，无外部电源条件下的电池连续工作时间为 72h，平均无故障时间 10000h，工作温度为 $-25 \sim 60^{\circ}C$，工作湿度不大于 $95\%RH$。

事实上，无论哪种自动采集仪，其主要核心部分均为采集模块和控制软件。其中采集模块都可看做是由计算机远程控制的一种多通道测量通用仪器，可测量电压、电流、电阻、温度和应变等物理量，而控制软件则是对数据进行集成管理，并将各种数据信息根据需要以不同形式呈现出来的技术平台。有了这两部分的通力协作，便可直观地了解群桩基础的工作性态。

然而，在工程施工过程中，数据自动采集系统的工作环境都比较差，而且从数据采集到传输这一过程都是自动进行的，为了保证该系统能可靠正常工作，应满足以下环境要求。

(1) 保证各工作环节的畅通无阻。由于系统需要自动获取数据、保存数据及传输数据，此过程中的每个环节，都要有相应的措施保证其畅通无阻。如供电问题、硬件连接问题及软件编制问题等。

(2) 远离各种干扰源。虽然数据自动采集系统具有一定的抗干扰能力，但在强磁场干扰下，仍会严重影响数据的读取。雷电、腐蚀等还会永久损坏数据自动采集仪。

2.3.3 数据融合系统

传感器感知系统是广角度安全监控系统的硬件基础，而数据融合系统则是对来自传感器系统多源数据进行加工处理、协调优化和综合评判的核心处理器。该系统利用多传感器共同或联合操作的优势，在较短时间内，以较小的代价将不同来源、不同模式、不同介质、不同时间的多个传感器数据进行有机融合。其基本原理就像人脑综合处理信息的过程一样，通过对各种信息的合理支配与使用，将各种在空间和时间上的互补与冗余信息依据某种优化准则组合起来，产生对超大型群桩基础工作性态的一致性解释和描述。具体过程包括各个传感器数据获取、数据预处理、数据特征提取、融合计算及结果输出等，如图2.5 所示。

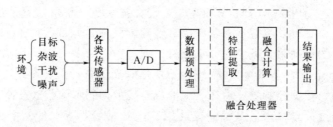

图 2.5　数据融合过程流程框图

（1）多源信息的获取。数据融合系统的信息源来自各个传感器，传感器功能不同、工作状态不同，观测信息的特征也有所不同。如果传感器给出的信息是已经数字化的信息，就称为源数据；给出的信息是图像就称为源图像。信息系统的功能就是要把各个传感器提供的源信息进行加工、处理，以获得可以直接使用的某些波形、数据或图像。

（2）数据预处理。由于输入到数据融合系统的监测数据在获取过程中会因为人为因素、环境因素、传输过程中的干扰及传感器自身因素导致不同程度的失真，从而无法保证融合结果的精度。因此，对多传感器信号融合处理前，有必要对传感器输出信号进行预处理，以尽可能地去除这些噪声，提高信号的信噪比。信号预处理的主要目的是检出粗差、剔除噪声等。在此基础上，还需根据不同应用目的对数据进行配准和关联。

（3）特征提取。对来自传感器的原始信息进行特征提取（如被测对象的各种物理量），形成特征矢量。由于特征提取决定最终决策的正确与否，因而应最大限度地提取决策分析所需要的特征信息。

（4）数据融合算法。数据融合算法作为一种数据综合处理技术，是许多传统学科和新算法的集成与应用。对于群桩基础安全监控相关问题的解决，传统的数学、力学方法目前仍然是最基本且很有效的手段。在此基础上，充分利用各种人工智能和新兴信息科学强大的功能和独特的思维方式，是群桩基础广角度监测数据融合方法的一个发展方向。目前，应用较多且比较典型的融合方法有加权平均法、Bayes 估计法、Kalman 滤波融合法、D－S 证据推理、模糊逻辑、聚类分析法和智能神经网络等。

2.4　传感器及数据采集系统的设计原则

2.4.1　基本原则

通过对苏通大桥索塔群桩基础组成结构、施工工艺、安全稳定问题及其影响因素的深入分析，并结合国内外大型桥梁工程（如英国的 Flintshire 独塔斜拉桥、法国的 Normandy 大桥、日本的多多罗大桥、香港的青马大桥以及我国的江阴大桥）安全（健康）监控的实践经验，提出广角度监测传感器系统设计的基本原则如下。

（1）遵循为安全而监测的原则。做到"目的明确、合理建网、方案可行、经济安全"。

（2）传感器及数据自动采集系统的选用遵循"先进、可靠和长期稳定"的原则。要求传感器具有高精度、高灵敏度、强适应性的特点。而数据采集系统则需强调兼容性和长期稳定性，以保证所获数据的全面可靠。

（3）监测方法的选用应遵循技术成熟、操作方便、实时快捷、安全可靠的原则。现场环境千变万化、复杂多样，因此正确的方法是保证监测结果合理的重要保障，必须成熟可靠。

（4）传感器（监测点）布设遵循代表性原则、最不利原则和一点多用原则。同时还应注意避开圣维南区[202]，以避免测值不能客观反映真实（总体）的受力情况。

（5）监测网点的布置遵循全过程、广角度的监控原则。考虑到苏通大桥主塔墩群桩基础安全稳定问题的复杂性，在监测网点布置时，对同一物理量采用多种方法进行监测，对同一问题进行广角度监控，并通过该系统实现对群桩基础安全稳定问题的全面监控。

（6）遵循硬件是基础、分析是关键的处理原则。在保证现场观测质和量的基础上，注重对观测资料的整理、提炼、分析和利用，建立合理的安全监控模型，据以对群桩基础的安全性做出客观的综合评判，并提出相应的技术报警和工程对策建议。

2.4.2　效益-成本原则

除了监测系统的目标与功能要求外，监测系统中各监测项目的规模以及所采用的感知传感器和数据采集设备等的选用还需考虑投资限度。因此，在设计时还须对监测系统方案进行效益-成本分析。以达到用最小的成本来正确把握结构安全状态的目的。

通常，决定监测系统成本的主要因素有以下几个。

（1）监测点的数量。一个完善的监控系统务必能实现对安全问题的全面监控。在实际工程中，安全的内涵是复杂的，既有整体稳定问题，也有局部失稳问题。对于一些重要部位，即使是局部失稳，也可对工程的施工安全和运营安全产生重大影响。故监测点的密度需满足一定的要求。当然，不同部位、不同问题的监测点布置密度往往存在较大差异，但为了查清不稳定体的范围，监测网还必须有足够的覆盖范围。

（2）监测点的类型。就观测方法而言，监测点的类型包括人工观测点和自动监测点。对于不同的人工观测点，其观测工作量存在较大差异；对于自动监测点，不同类型的传感器，其价格也存在较大差异。即使是同一类型的传感器，其价格也因测试原理的不同而存在较大差异，如固定式伺服加速度测斜仪的价格远远高于固定式电阻应变测斜仪等。

（3）传感器的品质。不同品牌的传感器，其灵敏度、精度、零漂、温漂、线性、重复性、耐久性往往存在一定差异，从而使其价格存在高达几倍甚至十几倍的差异。

（4）精度要求。由于被测介质强度尤其是刚度的差异，使其敏感响应量的量级和破坏判别准则存在很大差异，如混凝土、岩石等刚性材料，在破坏之前的变形量往往很微小。鉴于此，监测网的观测精度要很高，这就限制了传感器类型和品质的选择范围，并相应提高了监测网建网成本。

（5）数据采集手段。自动观测具有观测频度高、劳动强度低、同步性强、全天候测量等优点。但存在一次性投入大的缺点。随着科学技术的进步，数据自动采集设备的价格快速下跌，监测点自动观测的普及率将得到很大提高。

（6）数据采集站的设置。自动观测一次性投入大的原因除了数据自动采集设备费用高昂外，还与集中观测需要大量传感器数据传输电缆有关。而采集站的设置在很大程度上决定传输电缆的长度。分散设置多个数据采集站可减少电缆长度，但有时会造成采集仪通道闲置，从而导致浪费。

（7）对实时性的要求。能够实现在线实时监控采集仪的价格更加高昂，但实时在线监控能够及时发现异常。有些情况下，施工过程中的监控也需要实时性。

（8）维修、更换的难度。如上所述，传感器的品质在较大程度上影响监控系统的成本。有些情况下，由于对观测精度和耐久性要求不高，可以降低对传感器品质的要求。但监测传感器大多安装埋设于结构或岩土体内部，一旦传感器出现问题，维修和更换的难度和代价往往很高，有时甚至无法维修和更换。例如，地下水位和地下水压力观测，厘米量级的观测精度就足够满足工程要求，而几乎所有的合格传感器都能满足该精度要求。但地下水位和地下水压力的观测需要观测孔，而绝大多数情况下，钻孔的费用均远远高于传感器的价格，如果需要更换传感器，重新钻孔和安装埋设的费用将是高昂的。

综上所述，合理选择不同类型、不同功能、不同品质的监测传感器以及对其优化布设是实现效益-成本原则的根本手段。

记监测点数量为 N，监测点类型分别记为人工监测点数目 N_p 和传感器自动监测点 N_e，且 $N_e = \{N_{e_1}, N_{e_2}, \cdots, N_{e_j}\}$（$j = 1, 2, \cdots, n$），$j$ 表示不同类型传感器，C_p 表示人工监测耗用平均成本，C_{e_i} 表示第 i 类传感器根据功能、精度、实时性以及器材等耗费的平均成本，于是根据效益-成本原则，可构造以下优化目标函数（其优化函数的约束条件及系统的可靠性保证将在下节给出），即

$$\min f(N) = C_p N_p + \sum_{i=1}^{j} C_{e_i} N_{e_i} \tag{2.1}$$

式中　　$f(N)$——目标函数；

$\qquad N$——监测点数量；

$\qquad N_p$、N_e——人工监测点数目和传感器自动监测点；

$\qquad C_p$——人工监测耗用平均成本；

$\qquad C_{e_i}$——第 i 类传感器根据功能、精度、实时性以及器材等耗费的平均成本。

2.4.3　可靠性原则

可靠性是广角度监控系统的最基本要求，它取决于所组成的各种传感器的可靠性、监测网点布设的合理性以及设计上的统筹安排和施工上的配合等因素。对于超大型深水群桩基础来说，其施工环节多而复杂，并且环境条件恶劣，传感器安装埋设的难度非常大。苏通大桥索塔群桩基础的许多传感器位于水面以下 120m，对于处在深水环境中的钻孔灌注桩，安装埋设人员无法到达基桩中的传感器的安装埋设位置，而只能依托基桩钢筋笼进行传感器的安装埋设。问题的关键是：许多监测物理量为矢量，故传感器及其安装埋设方法

的选择至关重要，以确保其姿态的有效控制；否则将严重影响观测数的质量。而且传感器一旦安装埋设完成，即使出现失效等故障，也无法对其进行更换。因此，在广角度安全监测系统设计时，可靠性原则应得到充分重视。

2.4.3.1 监控系统的可靠性指标体系

安全监控系统的可靠性通常是指该系统在规定条件和规定时间内完成规定功能的能力[203]。其中，规定条件是指系统工作时所处的环境条件、维护条件、使用条件和操作水平等；规定时间是指考察该系统能否正常工作的一个时间段，规定功能则是指该系统应当实现的目标功能。其可靠性指标体系虽然比较复杂，但归纳起来有可靠度 R（Reliability）、维修度 M（Maintainability）和可用度 A（Availability）三大指标。其包含的概念有以下几个。

（1）故障率（λ）（失效率）。它表示系统在单位工作时间内发生故障的次数，即

$$\lambda = \frac{n}{\sum\limits_{i=1}^{n} t_i} \quad (i = 1, 2, \cdots, n) \tag{2.2}$$

式中　n——故障次数；

$\sum t_i$——系统总工作时间。

（2）维修率（μ）。维修率表示系统在单位维护时间内修复的次数，即

$$\mu = \frac{n}{\sum\limits_{i=1}^{n} T_i} \tag{2.3}$$

式中　n——维修次数；

$\sum T_i$——系统总维护时间。

（3）平均故障间隔时间（MTBF）。它表示在系统发生多次故障的情况下，平均连续正常工作的时间，它代表了系统的平均寿命，即

$$\text{MTBF} = \frac{\sum\limits_{i=1}^{t} t_i}{n} = \frac{1}{\lambda} \tag{2.4}$$

式中　$\sum t_i$——系统总工作时间；

n——故障次数。

（4）平均故障修复时间（MTTR）。又称其为平均故障时间，它表示系统进行多次维修中的平均维修所用时间。若该值越小，则表示系统可维护性越好，越容易修复。通常可以通过试验或经验确定该值，即

$$\text{MTTR} = \frac{\sum\limits_{i=1}^{n} T_i}{n} = \frac{1}{\mu} \tag{2.5}$$

式中　$\sum T_i$——系统总维护时间；

n——维修次数。

（5）可用度（A）和不可用度（N），即

$$\begin{cases} A = \dfrac{\mu}{\lambda + \mu} = \dfrac{1}{1 + \dfrac{\lambda}{\mu}} \\[4mm] N = 1 - A = \dfrac{1}{1 + \dfrac{\mu}{\lambda}} \end{cases} \qquad (2.6)$$

可用度 A 表示在某一特定的时刻，系统正常工作的概率。其中 λ/μ 是系统的重要性能指标。如果 λ/μ 值较大，则表明系统不能可靠地工作，运行不久即会出现故障。

不可用度 N 则表示在某一特定的时刻下系统不能正常工作的概率。

（6）可靠度（R）与不可靠度（F）。可靠度是由可靠性直接演化而来的可靠性指标。它是指系统在规定条件下和规定时间内完成规定功能的概率。按照限定的运行次数计算，可靠度 R 表示系统运行 n 次不发生故障的概率，即

$$R(n) = P\{n \text{ 次运行不发生故障}\} \qquad (2.7)$$

与可靠度相对应的另一个指标是不可靠度 F，它是指系统在规定条件下和规定时间内不能完成规定功能的概率，即

$$\begin{cases} F(n) = 1 - R(n) \\ F(t) = 1 - R(n) \end{cases} \qquad (2.8)$$

通过对上述各种可靠性指标的分析，可以得出这样一个结论：要提高系统的可靠性，一方面是尽量使系统在规定的时间内少发生故障和错误；另一方面是一旦发生故障要能够迅速排除。因此，要进行传感器优化布置和选型优化，首先要确定合理的、能反映监测要求的优化配置准则。对于深水群桩基础，还需侧重考虑传感器安装埋设姿态有效控制的可能性，对于不同类型的传感器，因其测试原理和安装埋设方法不同而导致其姿态控制的难易程度有很大差异。如对于基桩轴力传感器，混凝土应变计姿态的有效控制难度远远大于钢筋应力计。而钢筋应力计的测值又在很大程度上受到钢筋笼施工（如钢筋笼制作的精度、钢筋吊装和接长施工等）的影响，钢筋笼施工对钢筋应力计测值的影响远大于对混凝土应变计的影响。所以，与其他监测项目不同的是，监测系统优化在考虑可靠性指标时，不仅要考虑传感器的品质，更应考虑传感器姿态的有效控制问题。

2.4.3.2　可靠性设计方法

作为重要跨江通道和生命线工程的超大型桥梁，对安全测控系统的可靠性要求很高，其地基基础的安全监控系统也应分配较高的可用度指标。然而，作为需要长期运行的安全监控系统来说，其组成设备（主要是埋入式感知传感器）因为可修复性为零而很难达到这样的可用度指标。因此，必须采用冗余结构的设计方式来保证整个系统不失效，也就是通过备份多个传感器并联工作来提高系统的可用度。即冗余系统的部分传感器发生故障，基于并行通道结构，安全监控系统仍具有完成监测目标的功能。

根据 Marzullo[204] 的研究结果，N 个传感器构成的监测系统，只要有过半的传感器工作正常就能保证输出的准确性。在遵循上述效益-成本原则的要求下，满足可靠性要求保证冗余系统正常工作，则为所求的监控系统。

在并联结构 $\left(N, \left[\dfrac{N}{2}\right] + 1\right)$（$\left[\dfrac{N}{2}\right]$ 表示不超过 $\dfrac{N}{2}$ 的最大整数）中，假设同类型号的传

感器统计独立，且有相同的有效度 $a(t)$（有效度指系统在某一时刻维持功能的概率），则由同一类传感器构成的系统有效度为

$$\widetilde{A}(t;N) = \sum_{n=\left[\frac{N}{2}\right]+1}^{N} C_N^n a^n(t)[1-a(t)]^{N-n} \tag{2.9}$$

若记 $N = N_1 + N_2$，表示有两种传感器，个数分别为 N_1 和 N_2 个，有效度分别为 $a_1(t)$ 和 $a_2(t)$，则该系统的有效度为

$$\widetilde{A}(t;N) = \sum_{n_1=0}^{N_1} \left\{ C_{N_1}^{n_1} a_1^{n_1}(t)[1-a_1(t)]^{N-n_1} \left\{ \sum_{n_2=\left[\frac{N}{2}\right]+1-n_1}^{N_2} C_{N_2}^{n_2} a_2^{n_2}(t)[1-a_2(t)]^{N_2-n_2} \right\} \right\}$$

$$= \sum_{n_1=0}^{N_1} \left\{ C_{N_1}^{n_1} a_1^{n_1}(t)[1-a_1(t)]^{N-n_1} \widetilde{A}_2\left(t; \left[\frac{N}{2}\right]-n_1, N_2\right) \right\} \tag{2.10}$$

记为

$$\widetilde{A}(t;N) = \widetilde{A}_1(t;N_1) \otimes \widetilde{A}_2(t;N_2) \tag{2.11}$$

若有 j 类不同类型传感器，其个数分别为 N_i 个，$N = \sum_{i=1}^{j} N_i$，则

$$\widetilde{A}(t;N) = \widetilde{A}_1(t;N) \otimes \widetilde{A}_2(t;N) \otimes \cdots \otimes \widetilde{A}_j(t;N) \tag{2.12}$$

实际上，工程中一般取稳态有效度方有计算意义，故对单类型传感器系统而言，有效度为

$$\widetilde{A}(N) = \sum_{n=\left[\frac{N}{2}\right]+1}^{N} C_N^n a^n (1-a)^{N-n} \tag{2.13}$$

若有 j 类不同类型传感器，记 $N = \sum_{i=1}^{j} N_i$，各自稳态有效度为 a_i，则系统有效度为

$$\widetilde{A}(N) = \widetilde{A}_1(N) \otimes \widetilde{A}_2(N) \otimes \cdots \otimes \widetilde{A}_j(N) \tag{2.14}$$

其中，$a_i = a_i(t)$，$\widetilde{A}_i(N) = \widetilde{A}_i(t;N)$，且当系统有效度 $\widetilde{A} \geqslant A$ 时，系统可靠，能够保证正常工作。至此构建出满足式（2.15）的广角度安全监测系统优化模型，即

$$\left.\begin{array}{l} \min \sum_{i=0}^{j} C_i N_i \\[2mm] \widetilde{A}_i(N_i) \geqslant A_i \quad (i=1,2,\cdots,j) \\[2mm] \text{s.t.} \quad \widetilde{A}(N) \geqslant A \\[2mm] N = \sum_{i=0}^{j} N_i \end{array}\right\} \tag{2.15}$$

式中 A、A_i——系统可靠度期望值。

本模型中 j 类不同类型传感器是指读取 j 种不同性质的参数，如应力与静力水准为不同的参数量。整个群桩系统可以剥离为不同监测量子系统的串联集合，于是对于每一类参数监测，监测系统变为

$$\left.\begin{aligned} &\min \sum_{i=0}^{j} C_i N \\ &\text{s. t.} \quad \widetilde{A}(N) \geqslant A \\ &N = \sum_{i=0}^{j} N_i \end{aligned}\right\} \tag{2.16}$$

2.4.4　广角度监控系统优化算法实现

遗传算法（Genetic Algorithm，GA）是一种借鉴生物界自然选择思想和自然遗传机制的全局随机搜索算法，在解决大空间、非线性、全局寻优等复杂问题时具有传统方法所不具备的独特优越性。然而，传统遗传算法有两个严重的缺点，即容易过早收敛以及在进化后期搜索效率较低，这使得最终搜索得到的结果往往不是全局最优解，而是局部最优解。近年来，模拟退火思想被引入遗传算法中。该算法不仅能增强遗传算法的全局收敛性，还能加快进化速度 3～5 倍[205]。

2.4.4.1　模拟退火算法

模拟退火算法（Simulated Annealing，SA）[206-212] 是一种基于热力学退火原理建立的随机搜索算法，它已在理论上被证明是一种全局最优算法。1995 年，Tarek[213] 等人对 SA 算法进行了并行化计算研究，提高了 SA 算法的计算效率，并用来解决比较复杂的科学和工程计算。1997 年，胡山鹰[214] 等人在无约束非线性规划问题全局优化的 SA 算法基础上，进一步对有约束问题进行求解探讨，对不等式约束条件提出了检验法和罚函数法；对等式约束条件开发了罚函数法和解方程法的求解步骤，形成了完整的求取非线性规划问题全局优化的模拟退火算法。

广角度监测系统最小代价冗余融合优化的目的是在满足有效度约束 A 的条件下，寻求最优的 N_i。由式（2.10）、式（2.15）可以看出，这是一个非线性组合优化问题。其求解过程可描述如下。

（1）初始化退火温度 T_k（令 $k = 0$），产生随机初始解 X_0。

（2）在温度 T_k 下重复执行以下操作，直至达到温度 T_k 的平衡状态。

1）在解 x 的领域中产生新的可行解 x'。

2）计算新解的评价函数 $f(x')$ 和旧解的评价函数 $f(x)$ 的差值 Δf。

3）依照概率 $\min\{1, \exp(-\Delta f / T_k)\} > \text{random}[0, 1]$ 接收新解，其中 $\text{random}[0, 1]$ 是 $[0, 1]$ 区间内的随机数。

（3）令 $T_{k+1} = A T_k$，$k \leftarrow k + 1$，其中 $A \in (0, 1)$，若满足收敛判据，则退火过程结束；否则，转（2）。

其中，退火温度 T 控制着求解过程向最小值的优化方向进行，同时它又以概率 $\exp(-\Delta f / T_k)$ 来接收劣质解。因此，算法可以跳出局部极值点。只要保证初始温度足够高、退火过程足够慢，算法就能收敛到全局最优解。

2.4.4.2　实例应用

苏通大桥群桩基础广角度安全监控系统包括多个子监测系统，每个子系统可供选择的传感器数目繁多、种类各异。为了保证整个监控系统达到优化目标，可分别对每个子监测系统进行优化，下面以应力应变监测系统为例，采用模拟退火算法对其进行计算。现有 6 种可实现应力监测的不同类型传感器，其失效率、维修率和单个传感器的代价均已知（表 2.1）。对于应力、应变监测系统来讲，一旦传感器损坏，就不可修复。因此，系统为不可修复并联系统，其有效度可用 1 与维修率的差计算。这里的约束条件是：应力、应变监测系统的有效度为 $A \geq 0.993$，要求确定满足该约束的优化目标函数的传感器最优冗余配置。表 2.1 中"单一配置"是指仅采用某单一类型传感器构成系统时的最优配置。

表 2.1 多传感器监测系统数量结果优化

传感器类型	92	5	1	4	3	6
失效率 $\lambda / (10^{-9} \cdot h^{-1})$	0.18	0.04	0.11	0.13	0.15	0.06
单位单价 C_i	9.6	36	15.5	14.2	13	22
单一配置	11	3	7	9	9	5
单一配置系统代价	105.6	108	108.5	127.8	117	110
单一配置系统有效度	0.9932	0.995	0.9956	0.9954	0.994	0.998
最优配置	2	0	5	0	0	0
最优配置系统代价	96.7					
最优配置系统有效度	0.9931					

由表 2.1 中可以看出，当采用 $X = (2, 0, 5, 0, 0, 0)$ 配置时，系统有效度为 0.9931，系统代价为 96.7。

与采用单一类型传感器相比，系统代价节省近 10%。按此优化结果进行传感器配置，可以保证应力、应变监测系统正常工作，并获取相应的信息。利用该算法对其他子系统进行优化计算，综合之后即可实现对广角度监测系统的优化。

第3章 安全监控传感器安装埋设关键技术

对于深水群桩基础，由于绝大多数传感器的布设位置安装人员无法到达。故为了可靠实现广角度监测目标，传感器的安装埋设是急需解决的关键技术问题。本章主要针对深水群桩基础安全监控中采用的主要传感器埋设技术进行阐述。

3.1 水深传感器的安装埋设技术

目前，群桩基础内部河床冲刷监测仍缺乏实用的技术，故将高精度且能够实现实时在线监测的水深传感器技术引入群桩基础内部的河床冲刷监测，以获取对基础周边局部冲淤状况的掌握，是分析群桩基础安全稳定性的重要环节之一。其关键在于水深传感器的正确安装与埋设。

3.1.1 水深传感器组成及主要技术参数

振弦式水深传感器主要由透水装置、承压膜片、钢弦、磁铁、避雷装置、线圈、温度计、壳体和传输电缆等构成。仪器所有暴露零部件都用耐腐蚀的不锈钢制成。为了避免损坏传感器膜片，用过滤器（透水石）以隔绝固体颗粒。标准透水石是 $50\mu m$ 孔径的烧结不锈钢，如需要也可以使用高通气的透水石。便携读数装置可以用来为仪器提供激励、信号解调和读数。数据采集系统可用于多传感器的遥控数据自动采集。

苏通大桥河床冲刷安全监测采用的水深传感器是美国基康公司生产的 4500S 型振弦式渗压计（图 3.1）。该传感器长 133.35mm。直径为 19.05mm。本次采用的传感器量程分别为 350kPa 和 750kPa，分辨率为 0.025% F.S.，精度为 0.1% F.S.，非线性小于 0.5% F.S.，过载能力

图 3.1 水深传感器

为 2 F.S.，温度系数小于 0.025% F.S./℃，工作温度为 -20~80℃，采用四芯完全屏蔽土工电缆。

3.1.2 确定水深传感器安装埋设方法的原则

布置水深传感器的目的是为了监测河床面高程的动态变化。由于桥位区水深流急、旋涡较多，且水流流向和流速多变，所以监测点平面位置的有效控制是必要的。而为了监测河床冲刷深度的变化，又必须确保水压力计在高度方向可自由移动。结合考虑水压力计电缆的保护，其安装和埋设方法选择的原则如下。

（1）不影响钢套箱和封底混凝土的施工，尤其是封底混凝土的止水。

（2）最有利于水深传感器及其电缆的保护，最有利于传感器埋设状态，尤其是平面位置的有效控制，并确保水深传感器在竖向活动自由。

（3）充分利用钢套箱沉设施工环节，以利于电缆的保护，尽可能将重要的安装环节安排在钢套箱沉设前完成，需要充分考虑钢套箱整体起吊、整体沉放、封底混凝土浇筑和钢套箱内抽水等各个环节的影响，且有相应的对策可克服或消除这些影响。

（4）各测点必须采用相同的安装和埋设方法，以保证观测结果的可比性。

（5）必须根据钢套箱和承台施工流程及其特点，制定切实可行的实施细则。

3.1.3 水深传感器安装埋设实施细则

水深传感器安装埋设实施细则包括以下几方面：

（1）必须根据测点埋深（需逐点现场实测）和预估的河床冲刷深度确定水深传感器的电缆长度和量程，并据以订制传感器。为了减少水流冲击力，宜采用小尺寸的水深传感器。收到水深传感器后及时进行逐件验收，并制作测点标记。除常规内容验收外，还应侧重检查传感器的电缆及其长度，一旦发现电缆有破损，必须更换传感器。由于水深传感器长期处于恶劣的急流环境，电缆不得接长。

（2）传感器安装埋设前必须在现场江水条件下实测，检验其初始参数，检验次数不少于 3 次。每套传感器在安装前，均采用便携式读数仪和万用表检查传感器及其电缆的性能是否正常，有关的技术参数是否满足要求。

（3）在安装过程中，应将传感器可靠固定于定位钢圈，并需考虑长期泡水和江水冲刷的影响。

（4）传感器电缆禁止承重，预留在江底的电缆需采用钢丝绳保护，河床面以上的电缆需采用镀锌钢管保护，处于江水中的电缆禁止接长。镀锌钢管的固定以不影响钢套箱封底为原则。

（5）每套传感器安装埋设完成后，必须采用便携式读数仪检查其读数是否稳定，并详细填写单点埋设考证表。在钢套箱沉放、封底混凝土浇筑期间，埋设人员必须旁站观察，注意电缆的保护。在钢套箱沉放过程中，应确保预留电缆的长度。钢套箱沉放完成后，应可靠固定和保护电缆。

3.1.4 水深传感器的安装埋设方法

由于桥位区水深流急、旋涡较多，且水流流向和流速多变。所以监测点平面位置的有效控制是必要的。而为了监测河床冲刷深度的变化，又必须确保水压力计在高度方向可自由移动。结合考虑电缆的保护，水深传感器的安装埋设采用以下方法（图 3.2）。

（1）传感器由两股钢丝绳（长度略小于电缆长度）固定在镀锌钢管的下口，在埋设时仅将传感器沉放至河床面上，但必须确保传感器可随河床面的冲刷而下沉。

（2）镀锌钢管的下口由钢丝圈（或 $\phi 12\text{mm}$ 钢筋圈）固定于钢护筒，上口固定于钢套箱底板主梁。

（3）传感器的平面位置也由钢护筒控制，即采用不锈钢卡箍和夹具将传感器固定于直径约 3m 的钢筋（$\phi 10\text{mm}$）圈，该钢筋圈在传感器埋设时套于钢护筒，从而确保了传感器平面位置的有效控制。

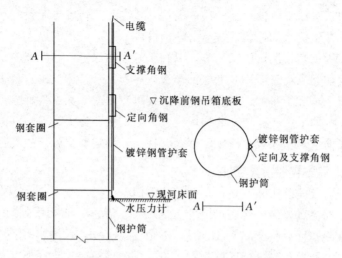

图 3.2　水深传感器安装埋设示意图

3.1.5　水深传感器的现场安装与埋设

水深传感器的现场安装与埋设的步骤如下：

（1）在测点安装前，需事先制作固定水深传感器和镀锌钢管平面位置的钢套圈（每测点 2 个）以及镀锌钢管上口的固定件。

（2）在钢套圈和镀锌钢管固定件焊接完成后，即可进行传感器的安装和埋设。

（3）制作固定传感器的夹具，采用不锈钢卡箍将传感器和钢丝绳（下端还需采用钢丝扣锁紧）固定于钢套圈，钢丝绳的上端采用钢丝扣锁紧于镀锌钢管下口。

（4）每隔 1m 用尼龙扎带将传感器的电缆绑扎于钢丝绳。在钢吊箱沉设前，将固定有传感器的钢套圈套入钢护筒，并沉放至江底。

（5）将钢丝绳和传感器的电缆穿入镀锌钢管（每节长 6m）后，再将固定镀锌钢管下端的钢套圈套入钢护筒，并随镀锌钢管一起下入江底，最后将镀锌钢管固定于钢套箱底板主梁。

（6）在钢套箱沉放过程中，将其电缆引出钢套箱，并进行跟踪观测。

（7）各埋设测点应在现场按有关规范要求填写完整的埋设考证表，并存档备查。

根据优化结果，苏通大桥在每个主墩建立了由 13 个高精度水深传感器、1 个潮位传感器和 1 个淤积传感器组成的可进行连续、实时、快速观测的重点部位河床形貌监测网，以监控重点部位河床面冲淤变化情况。

3.2　钢护筒表面应变计的安装埋设技术

3.2.1　表面应变计组成及主要技术参数

振弦式表面应变计由应变计、安装夹具、信号传输电缆等组成。钢结构表面应变传感器采用美国基康公司生产的 4000 型表面应变计（图 3.3）。传感器长 150mm，量程为 3000$\mu\varepsilon$（微应变），分辨率为 1$\mu\varepsilon$，精度为 ±0.1％F.S.，非线性小于 0.5％F.S.，工作温度为-20～80℃，采用四芯完全屏蔽土工电缆，可同时观测钢护筒的应变和环境温度，根据钢护筒的变形模量，可换算钢护筒的应力。

3.2.2 确定安装与埋设方法的原则

布置表面应变计的目的是为了监测钢护筒与桩身混凝土的共同作用，即在同高程断面上的桩身混凝土中和钢护筒表面分别布置应变计，观测各自的应变，并根据应变协调律判断其共同作用。考虑到钻孔灌注桩钻进施工的影响，表面应变计只能埋设在钢护筒的外表面，其埋设高程必须与基桩轴力监测断面相对应。由于钢护筒的中下部

图3.3 表面应变计

必须插入河床地基土中，而钢护筒上部也处于水流湍急、流态紊乱的长江水中。所以，表面应变计及其电缆的保护难度很大。此外，表面应变计埋设状态的准确控制也是至关重要的。

根据钢护筒的制作工艺和插打流程，选择表面应变计安装和埋设方法的原则如下。

（1）表面应变计必须可靠固定（耦合）在钢护筒的表面，虽没有防水要求，但需有可靠的保护措施以避免外力（如土层阻力、水流冲击力）破坏。

（2）采用的安装方式，不会因外力（如土层阻力、水流冲击力）而破坏电缆。

（3）以实现监测目标为宗旨，采用可准确控制埋设状态的安装方式，且安装应牢固，安装后的表面应变计不会因为外力（如土层阻力、水流冲击力等）而改变状态。

（4）采用的安装方式，不影响钢护筒插打、钢套箱沉设和封底混凝土止水。表面应变计和电缆保护措施的选用必须考虑钢护筒上部（13～14m长）在封底混凝土浇筑后需要割除的因素。

（5）考虑到表面应变计必须安装在钢护筒的表面，为了避免钢护筒运输过程中损坏表面应变计，安装时间应选择在钢护筒运至施工平台后。

（6）尽可能采用相同的安装和埋设方法，以保证观测结果的可比性。必须根据钢护筒吊装和插打施工流程及其特点，制定切实可行的实施细则。

3.2.3 表面应变计安装与埋设实施细则与安装方法

表面应变计的监测对象是钢护筒，它必须在钢护筒插打前安装完成，且需在钢护筒运至施工平台后才可以安装。所以，安装方法选择的余地较小。

（1）必须根据测点埋深确定表面应变计的电缆长度，并据以定制传感器。收到传感器后应及时进行逐件验收，并制作测点标记。除常规内容验收外，还应侧重检查传感器的电缆及其长度，一旦发现电缆有破损，必须更换传感器。由于钢护筒表面应变计长期处于恶劣的急流环境，电缆不得接长。

（2）考虑到钻孔灌注桩的钻进施工，表面应变计的电缆只能从钢护筒外壁敷设。为了避免因外力（如土层阻力、水流冲击力）和钢套箱沉设破坏电缆，电缆采用角钢（∟63×6）保护。不同高程、同一平面位置的表面应变计的电缆共用一根角钢。安装时，需提前进行保护电缆的角钢（∟63×6或∟75×8）焊接。角钢内需预留牵引电缆的铅丝。在测点位置角钢需断开25cm，以利表面应变计的安装和电缆的引出。

（3）表面应变计安装时，需首先进行锚固块的焊接（采用安装杆定位），再将电缆引出角钢，最后进行应变杆和线圈组件的安装和调试。禁止在应变杆安装后再进行锚固块焊接。

（4）安装应变杆时，初始读数的调试应综合考虑钢护筒的实际受力条件。表面计安装完成后，需采用石棉布仔细缠绕保护，以防止贴焊保护应变计角钢（∟75×8×300）时的高温损坏。

（5）钢护筒吊装及插打过程中，埋设人员应跟踪观察，做好电缆的保护工作。

（6）钢护筒沉设完成后对表面计进行现场跟踪检验观测，认真填写埋设考证表。

3.3 基桩钢筋应力计的安装埋设技术

3.3.1 钢筋应力计组成及主要技术参数

振弦式钢筋应力计主要由钢套、连接杆、钢弦式敏感部件及电磁线圈组成。美国 Geokon 公司生产的 4911A 型钢筋应力计如图 3.4 所示。传感器长 1384mm，量程为 2500$\mu\varepsilon$，分辨率为 1$\mu\varepsilon$（灵敏度为 0.025% F.S.），精度为 ±0.25% F.S.，非线性小于 0.5% F.S.，工作温度为 -20~80℃，可同时观测钢筋轴力和温度，根据钢筋的变形模量，可换算钢筋的应变。金坛市传感器厂 JDGJJ-10 型钢筋应力计。传感器长 21cm，量程 -140（压）~280kN（拉），传输距离不小于 500m，抗震性不小于 3g，耐水压力不小于 1.2MPa，分辨率不大于 0.08% F.S.，不重复性不大于 ±0.2% F.S.，零漂不大于 2Hz，准确度为 0.5% F.S.，工作温度为 -25~60℃，可直接观测钢筋轴力，且根据钢筋的变形模量可换算钢筋的应变。

图 3.4 钢筋应力计

3.3.2 确定安装与埋设方法的原则

布置钢筋应力计的目的是为了监测基桩竖向主筋的轴力，而轴力是个矢量，且需要考虑钢筋模量与桩身混凝土模量存在的较大差异。所以，钢筋应力计的安装方式决定了观测结果的可靠性和数据的换算方式。

通常，钢筋应力计的安装和埋设可以采用多种方法（不少于 4 种）。但不同的监测对象、不同的配筋方式、不同的施工方法，需要采用不同的、合适的安装和埋设方法。安装和埋设方法选择的原则如下。

（1）不改变基桩钢筋笼的结构，尽可能减少对桩基础施工的影响。

（2）以实现监测目标为宗旨，尽可能采取直接监测的方式，减少数据换算环节。尽可能将重要的安装环节安排在室内或钢筋场完成。

（3）最有利于钢筋应力计和电缆的保护，最有利于埋设状态的控制。

（4）需要充分考虑钢筋笼制作、运输、吊装、沉设、接长（尤其是十字加劲筋的割除、超声探测管和注浆管以及取芯管的焊接）以及混凝土灌注和桩底压浆等各个环节的影响，且有相应的对策可克服或消除这些影响。

（5）同一根桩必须采用相同的安装和埋设方法，以保证观测结果的可比性。

（6）必须根据桩基础施工流程及其特点，制定切实可行的实施细则。

3.3.3 钢筋应力计的安装方法

在苏通大桥群桩基础安全监测实践中，尝试对比过钢筋应力计的 4 种安装方式。

（1）与单根主筋贴焊。这种安装方式不需要裁断钢筋笼的钢筋，而是通过加长钢筋应力计的连接杆（长 50cm，这种钢筋应力计俗称姐妹杆），在连接杆的端部用长 10cm 的 $\phi12$ 钢筋将钢筋应力计贴焊于钢筋笼主筋，如图 3.5（a）所示。显然，这种安装方式不影响钢筋笼的结构，焊接的工作量也不大，而且可以在单节钢筋笼制作完成后再安装钢筋应力计，有利于电缆的保护。其缺点是：钢筋应力计的埋设状态不易控制，往往难以确保钢筋应力计与钢筋笼主筋平行；由于钢筋应力计不与钢筋笼主筋同轴，所以这种安装方式并不是对主筋轴力的直接观测，而是根据钢筋应力计与钢筋笼主筋应变协调的原则换算钢筋笼主筋的轴力；当基桩承受弯矩作用时，上述两个缺点将导致观测误差被放大。

（2）与两根主筋贴焊。这种安装方式仅适用于布置有并束筋的断面，与第一种安装方式类似，不需要裁断钢筋笼的钢筋，故不影响钢筋笼的结构。它是在单节钢筋笼制作完成后，将拧好连接杆的钢筋应力计安置于埋设位置的并束筋之间，在连接杆端部的两侧，分别用长 10cm 的 $\phi12$ 钢筋将钢筋应力计贴焊于两根主筋，如图 3.5（b）所示。由于在单节钢筋笼制作完成后才安装钢筋应力计，所以有利于电缆的保护。显然，这种安装方式的焊接工作量相对大一些，而且第一种安装方式所存在的缺点仍然不能克服。此外，其观测结果反映的是两根并束筋的综合受力情况。

（3）与单根主筋双面绑焊。这种安装方式需要裁断钢筋笼的主筋，在将钢筋笼的主筋裁去一段（长度等于含有连接杆的钢筋应力计的总长度）后，以钢筋应力计替补被裁去的钢筋，并在钢筋计连接杆的两侧用两根长 20cm 的 $\phi40$ 螺纹钢筋进行双面满焊，如图 3.5（c）所示。为了便于焊接和保证焊接质量，也为了避免焊接高温损坏钢筋应力计及其电缆，实际安装需在钢筋笼制作前完成，即根据钢筋应力计及其连接杆的总长度，在测点位置裁去一段等长的钢筋，先将连接杆（两根）与主筋按上述要求绑焊，待冷却后再安装钢筋应力计，并在钢筋笼制作时将安装有钢筋应力计的钢筋置于相应的位置。显然，这种安装方式可实现对主筋轴力的直接观测。但其缺点较突出：焊接工作量很大，每个测点（每套钢筋应力计）需要做 8 条 20cm 长的焊缝；不易确保钢筋应力计与钢筋笼主筋同轴；在钢筋应力计安装后的钢筋笼制作过程中容易损坏电缆。

（4）与单根主筋机械连接。以这种安装方式安装的钢筋应力计不需要连接杆，但其接头需要按钢筋接头套筒的标准（内丝，外径 45mm，螺距 35mm）加工，即将钢筋应力计加工成能直接与钢筋机械连接的“套筒”。显然，这种安装方式也需裁断钢筋笼的主筋。它是在钢筋笼制作之前，即根据测点埋设高程，在测点所在位置将钢筋裁去 9cm（钢筋应力计的总长度为 21cm，两端接头的长度各 4cm，钢筋应力计的实际长度为 13cm，考虑到钢筋接头在镦粗车丝过程中将有 2cm 缩短，所以仅将钢筋裁去 9cm），然后对裁好的钢筋的两端进行镦粗车丝，之后将已车丝的两段钢筋拧入钢筋应力计，并在钢筋笼制作时将安装有钢筋应力计的钢筋置于相应的位置。至此,钢筋应力计的安装即告完成,如图 3.5 (d) 所示。

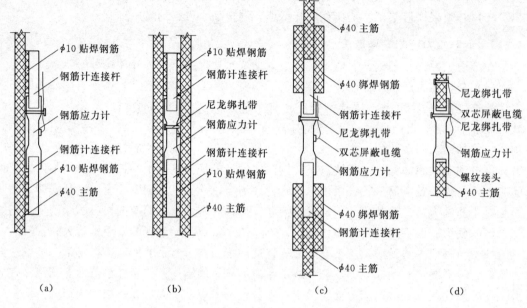

图 3.5　钢筋应力计安装方式示意图

安装有钢筋应力计的钢筋的长度与本节钢筋笼的其他钢筋的长度相同。显然,以这种方式安装的钢筋应力计具有以下明显优点。

1) 受力条件简单(与钢筋笼主筋相同),可实现对主筋轴力的直接观测。

2) 埋设状态容易得到有效控制,可确保钢筋应力计与主筋同轴,观测结果客观反映了主筋的受力特点。

3) 没有焊接要求,有利于电缆保护,也不存在因焊接高温对钢筋应力计的损坏。

4) 钢筋应力计的安装在钢筋笼制作前即已完成,且安装时间充裕,既不影响钢筋笼制作,又可确保安装质量。

5) 钢筋下料严格按统一的尺寸进行,钢筋应力计的安装位置容易控制。

其缺点是:在钢筋应力计安装后的钢筋笼制作过程中容易损坏电缆。此外,它要求钢筋应力计生产厂商采用专门的加工工艺。

基于上述优点,苏通大桥绝大部分的钢筋应力计均采用这种安装方式。

3.4　基桩混凝土应变计的安装埋设技术

3.4.1　混凝土应变计组成及主要技术参数

振弦式混凝土应变计主要由保护管、O 形密封端块、钢弦式敏感部件、电磁线圈及仪器电缆组成。美国 Geokon 公司生产的 4200 型埋入式混凝土应变计(图 3.6)。传感器长 153mm,端部法兰板直径为 22.2mm,量程为 $3000\mu\varepsilon$,分辨率为 $1\mu\varepsilon$,精度为 $\pm0.1\%$

F.S.，非线性小于 0.5%F.S.，工作温度为 $-20\sim80℃$，采用四芯完全屏蔽土工电缆，可同时观测混凝土的应变和温度，根据混凝土的变形模量，可换算混凝土的应力、蠕变以及混凝土中反作用的影响等。

3.4.2 确定安装埋设方法的原则

对于钢筋混凝土结构，由于钢筋的变形模量比混凝土的大得多（约为 7 倍），在应变协调的前提下，钢筋的应力相应地比混凝土大得多。所以，钢筋通常采用应力计测试技术，而混凝土则采用应变计测试技术。布置混凝土应变计的目的是为了监测基桩混凝土的竖向应变（从而可换算其应力）。显然，准确控制混凝土应变计的埋设状态至关重要，同时还需尽量避免钢筋的影响。

图 3.6 混凝土应变计

混凝土应变计的安装埋设也可以采用多种方法（不少于 3 种）。同样，不同的埋设环境、不同的监测对象、不同的施工方法，需要采用不同的、合适的安装和埋设方法。安装和埋设方法选择的原则如下。

（1）安装工作必须在钢筋笼沉设前完成，尽可能减少对桩基础施工的影响。

（2）以实现监测目标为宗旨，尽可能采用可有效控制埋设状态的安装方式。

（3）由于组成结构和制造工艺的原因，普通混凝土应变计的耐水压力为 0.5MPa，当测点埋深大于 55m 时必须采用可靠的防水措施。

（4）必须重视并克服钢筋以及测向约束对观测值的影响。

（5）需要充分考虑钢筋笼制作、运输、吊装、沉设、接长以及混凝土灌注和桩底压浆等各个环节的影响，选择最有利于混凝土应变计和电缆保护的安装方式。

（6）同一根桩尽可能采用相同的安装和埋设方法，以保证观测结果的可比性。

（7）必须根据桩基础施工流程及其特点，制定切实可行的实施细则。

3.4.3 混凝土应变计的安装埋设方法

如上所述，混凝土应变计的监测对象是桩身混凝土，它不需要与钢筋笼建立联系，而且还需避免钢筋笼对观测值的影响。但是对于水下灌注的混凝土，埋设人员无法直接到达测点位置开展埋设工作，而混凝土应变计的埋设状态又必须得到有效控制。所以，只能以钢筋笼作为定向依托。对于最大埋深可达 130m 的埋设环境，在苏通大桥群桩基础安全监测实践中，尝试对比混凝土应变计的 3 种安装埋设方式。

（1）直接悬挂在两根主筋之间。对于现浇的钢筋混凝土结构，这是一种最先考虑的安装埋设方式。它直接将混凝土应变计采用两股铅丝绑扎在两根主筋之间，如图 3.7（a）所示。以这种方式安装埋设的混凝土应变计，其观测值受钢筋笼的影响最小，而且安装方法简便。但实践结果表明，这种安装埋设方式不适用于深水群桩基础混凝土应变计的安装埋设。其缺点主要有以下几个。

1）由于混凝土应变计采用柔性方式固定于钢筋笼，而主墩基桩钢筋笼是分为 10 节在岸上钢筋场制作的。在钢筋笼运输、吊装以及沉设过程中，变形是不可避免的。虽然这是可以恢复的变形，但仍然会导致混凝土应变计埋设状态的改变，而且混凝土应变计埋设状态的这种变化具有随机性和不确定性。

2）在基桩混凝土灌注过程中，液态混凝土的上涌也会使混凝土应变计的埋设状态发生随机的、不确定的变化。

3）由于钻孔灌注桩的桩底高程为－124m，当混凝土应变计随着钢筋笼沉入充满泥浆的钻孔时，将承受巨大的水压力。实践表明，埋深大于55m的混凝土应变计，其耐水压力无法满足要求。

（2）采用夹具固定在单根主筋。现浇钢筋混凝土结构中混凝土应变计经常采用的一种安装埋设方式。为了克服上述安装埋设方法存在的难以对混凝土应变计的埋设状态进行有效控制的缺点，这种安装方法将混凝土应变计置于两个软木夹具之中，然后将含有混凝土应变计的软木夹具用不锈钢卡箍固定在钢筋笼主筋上，如图3.7（b）所示。以这种方式安装埋设的混凝土应变计，其观测值受钢筋笼的影响也较小，而且安装方法简便。最重要的是，它可以准确固定混凝土应变计的埋设状态，使之不受钢筋笼运输、吊装和沉设以及混凝土灌注的影响。实践表明，这种安装埋设方式适用于埋深小于55m的混凝土应变计的安装埋设，但对于深部测点，混凝土应变计的耐水压力问题仍然不能克服。

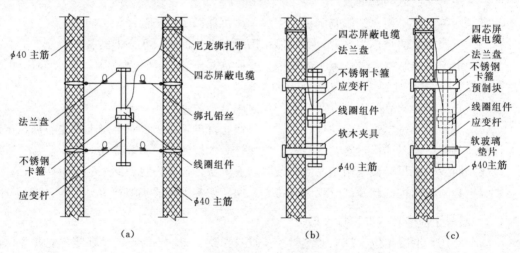

图 3.7　混凝土应变计安装方式示意图

（3）采用预制块绑扎在单根主筋。为了克服基桩轴力监测桩中的深部测点耐水压力问题，采用了预制块安装埋设方法，如图3.7（c）所示。这种安装方式需要提前1d在室内将混凝土应变计安装（将应变杆装入线圈组件，并用卡箍锁紧）、调试好，并将安装调试好的混凝土应变计浇入预制块（直径为40mm、长度为150mm）。待钢筋笼制作完成后，根据测点位置，将浇有混凝土应变计的预制块采用不锈钢卡箍固定于钢筋笼主筋。为了克服主筋和不锈钢卡箍对观测结果的影响（主要是因为主筋和不锈钢卡箍增大了预制块的侧向约束，从而使观测值偏大），安装预制块时，需在卡箍与预制块之间、预制块与主筋之间夹垫厚度约1mm的软玻璃。

采用预制块方式安装混凝土应变计，虽然增加了安装环节和安装工作量，但实践表明，它可以有效克服深水环境下钻孔灌注桩混凝土应变计安装和埋设中存在的问题。虽然，混凝土应变计距离主筋较近，但由于有软玻璃的隔离作用，所以观测结果能够客观反映桩身混凝土的受力特点；虽然将混凝土应变计提前置于预制块中，但由于混凝土应变计的传感部件是两端的法兰盘，而法兰盘是暴露在预制块表面的。所以，预制块对观测结果的影响甚微。这种安装埋设方法的优点可概括如下。

1）可以有效解决深水环境下，深部测点混凝土应变计的耐水压力问题。

2）可以准确固定混凝土应变计的埋设状态，使之不受钢筋笼运输、吊装和沉设以及混凝土灌注的影响，观测结果能够客观反映桩身混凝土的受力特点。

3）重要的安装环节（应变杆与线圈组件组装）和调试工作在钢筋笼制作前即已完成，时间较为充裕，故基本不影响钢筋笼的制作，而且这些重要的、细致的工作是在室内完成的，可以确保安装和调试的质量。

4）由于预制块的保护作用，可避免钢筋笼沉设过程中，十字筋切割、超声探测管和注浆管以及取芯管的焊接所产生的高温对混凝土应变计的损害。

5）采用该方法安装埋设的混凝土应变计，其成功率达到100％。

3.5 桩底顶出式压力盒的安装埋设技术

3.5.1 确定安装埋设方法的原则

桩底顶出式压力盒一种测量土压力的钢弦式传感器。由密封测试系统和电缆组成。桩底土压力监测采用金坛土工工程传感器厂生产的 TYJ-21 型顶出式压力盒（图3.8）。该传感器直径为 12.6mm，量程 2.5MPa；传输距离不小于 500m；抗震性不小于 3g；耐水压力不小于 2.5MPa；不重复性不大于 ±0.2％F.S.；零漂不大于 2Hz；灵敏度为 0.05％F.S.；精度为 ±0.1％F.S.；工作温度为 -25～60℃，可直接观测河床面淤积层的土压力。

3.5.2 确定安装埋设方法的原则

布置顶出式压力盒的目的是为了监测桩底土层压力（或桩端阻力）。显然，顶出式压力盒必须埋入桩底土层中，而且准确控制压力盒的埋设状态至关重要，同时还需尽量避免桩身混凝土浇筑的影响。对于最大埋深达 130m 的埋设环境，埋设人员无法直接到达测点位置。所以，顶出式压力盒的埋设也只能以钢筋笼作为依托。

根据深水群桩基础的组成结构和埋设环境，顶出式压力盒安装和埋设方法选择的原则如下。

图3.8 顶出式压力盒

（1）压力盒的承载面必须比钢筋笼底端低 30～50cm，并可靠插入桩底土层。

（2）以实现监测目标为宗旨，采用可准确控制埋设状态的安装方式。

（3）固定压力盒的夹具必须有足够的强度，夹具必须与钢筋笼可靠连接。

（4）安装工作必须在钢筋笼沉设前完成，尽可能减少对桩基础施工的影响。必须确保不因压力盒而影响钢筋笼沉设，尤其应避免对孔壁稳定性的影响。需要充分考虑钢筋笼制作、运输、吊装、沉设和十字加劲筋割除以及混凝土灌注的影响，选择最有利于顶出式压力盒及其电缆保护的安装方式。

（5）同一根桩尽可能采用相同的安装和埋设方法，以保证观测结果的可比性。

（6）必须根据桩基础施工流程及其特点，制定切实可行的实施细则。

3.5.3　顶出式压力盒的安装埋深方法

如上所述，顶出式压力盒的监测对象是桩底土层，它不需要与钢筋笼建立联系，但又必须以钢筋笼作为安装和埋设的依托。其理想的安装埋设方法如图 3.9 所示。

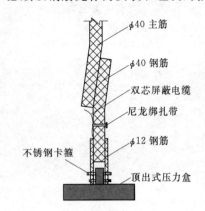

图 3.9　顶出式压力盒
安装方式示意图

为了监测桩底土层压力，顶出式压力盒只能安装在钢筋笼的底端。而为了避免在钢筋笼沉放时导致孔壁坍塌，钢筋笼底部有 1m 长的收口段，主筋内倾 81.54°，为了确保压力盒的承载面处于水平状态，并简化夹具的构造，需在钢筋笼的底端接长（焊接）一段长度为 100cm（与主筋贴焊段）＋45cm（伸出钢筋笼段）、外倾 81.54°的 ϕ40 螺纹钢筋，并在接长的钢筋底部加焊 4 根长度为 10cm（焊接段）＋10cm（夹具段）的 ϕ12 钢筋，作为固定压力盒的夹具。顶出式压力盒则采用不锈钢卡箍锁紧在夹具的 ϕ12 钢筋上。实践表明，这种安装埋设方法具有较好的适用性，其优点可概括如下。

（1）可以准确控制顶出式压力盒的埋设状态，使之不受钢筋笼运输、吊装和沉设以及混凝土灌注的影响，观测结果能够客观反映桩底土层的受力特点。

（2）可以使压力盒可靠地插入桩底土层中。

（3）固定压力盒的夹具以及夹具与钢筋笼的连接有足够的强度。

（4）安装环节和调试工作在钢筋制作场完成，时间较为充裕，故基本不影响钢筋笼的制作，而且可以确保安装和调试的质量。

3.6　剖面沉降管的安装埋设技术

3.6.1　剖面沉降管及剖面沉降仪

剖面沉降管是用于和剖面沉降仪结合对剖面沉降进行监测的配套设备。而剖面沉降仪则是利用静水压力来量测剖面沉降的一种仪器，它通过在剖面沉降管中滑动，可量测任何结构物基础下面沉降或隆起的连续剖面。美国 Geokon 公司生产的 Model GK－4651 型剖面沉降仪（图 3.10）主要由以下 4 个部分组成。

（1）探头。材料为 AISI 304；外径为 34mm；长度为 320mm；量测范围为 1000cm；分辨率为 0.1cm；总的精度为±2cm；供电电源为直流 18～32V；输出信号为 0.2mA；时间迟后 3～10s；操作温度的范围为－10～40℃；零漂小于满度盘的 0.01％/℃；灵敏度零漂小于满度盘的 0.01％/℃。

（2）柔性管。标准长度为 50m、100m、150m；管为 12mm×10mm 的尼龙管；液压流体是防冻的；电缆为 6mm×0.22mm；长度标志为每米。

（3）电缆鼓。材料为玻璃纤维；直径为 610mm；高度为 240mm；三脚架是铝制的；带 50m 管总重共 25kg。

（4）读数器。通道有 2 个；A/D 转换器为 16 位；分辨率为 0.005％FSO；读数精度为 ±1 个字节；总的温度漂移小于百万分之 50/℃；探头供应电压为 ±2.5～15V；输入阻抗大于 10mW；数字显示为一行液晶显示；系统零检查为每 50 个读数一次；供电电源为直流 6V 可充电。

图 3.10　剖面沉降仪

3.6.2　确定安装埋设位置的原则

剖面沉降仪是铁路路基工程、公路工程、机场港务工程等监测沉降和隆起变形的精密仪器，其稳定性好、重复性高。当其用于深水群桩基础承台挠曲变形监测时，现场安装埋设的主要工作为剖面沉降管安装。根据监测目的和承台组成结构特点，选择剖面沉降管安装埋设位置的原则如下。

（1）剖面沉降管必须有可靠的依托，以确保其状态的可控性。

（2）必须确保剖面沉降管顺直，避免产生大曲率的弯折。

（3）剖面沉降管的出口位置必须有利于观测基座的设置。

（4）剖面沉降管的安装不应影响承台钢筋网的摊铺。

3.6.3　剖面沉降管安装埋设实施细则和方法

剖面沉降管安装埋设实施细则和方法具体如下：

（1）收到剖面沉降管后及时进行验收。内容侧重实收剖面沉降管的长度是否与订货单以及发货单一致，尤其应仔细核对沉降管规格。

（2）跟踪承台钢筋网摊铺进度，及时进行剖面沉降管的摊铺。

（3）为了避免钢筋摊铺压坏剖面沉降管，敷设工作应在上一层钢筋摊铺完成后进行。剖面沉降管敷设前，必须在管内预留牵引探头的尼龙绳。

（4）剖面沉降管应沿顺直的钢筋敷设，并每隔 2m 采用不锈钢卡箍固定。为了消除钢筋连接套筒对剖面沉降管顺直度的影响，剖面沉降管与钢筋之间需夹垫与钢筋连接套筒壁等厚的软木垫块。剖面沉降管的接头需牢靠，并作可靠的防水处理。剖面沉降管的端口必须进行可靠封闭。

（5）随承台混凝土的浇筑，及时将剖面沉降管引出承台。

3.7　静力水准系统的安装埋设技术

3.7.1　静力水准系统

静力水准系统是测量两点间或多点间相对高程变化的精密仪器。由储液容器、上下端盖、传感器、通液管、安装架等组成。美国基康公司生产的 4675 型静力水准仪（图 3.11）技术参数为：量程采用 300mm，灵敏度为 0.025% F.S.，精度为 ±0.1% F.S.，非线性小于 0.5% F.S.，工作温度为 −20~80℃，采用四芯完全屏蔽土工电缆。该传感器可以测量出 0.3mm 的高程变化。

图 3.11　静力水准仪

3.7.2　确定安装与埋设方法的原则

承台采用能够实现全天候、密集准确，且连续观测差异沉降的高精度静力水准监测技术，从而实现对重要工况（或突发事件）、重点部位、重点问题的实时快速监控。该方法的优点是：精度高，观测精度为 0.1mm；外业工作量小，作业时间短，且易于实现连续监测和自动监测；无通视要求，现场观测不受施工干扰，观测成果不受气象因素、环境温度、电磁干扰等影响，观测精度稳定性好；对差异沉降观测具有明显优势。

差异沉降的静力水准观测系统由多个考虑大气压力修正的静力水准仪组成，各静力水准仪之间由水力连通管、大气平衡连通管、传感器内腔平衡连通管联系。各静力水准仪分别固定于承台顶面被测部位的专用基座上。

实践表明，水力连通管所处的环境温度变化、通气管的风振都对观测结果产生不确定的、难以修正的影响。为此，根据苏通大桥的具体施工特点采用了预埋式静力水准观测系统的安装埋设方法，即在承台钢筋网敷设后，将水力连通管、大气平衡连通管和传感器内腔平衡连通管沿钢筋敷设，使之预埋于承台混凝土中，从而避免了外界环境对观测结果的影响，也避免了工程施工对观测系统的损坏。

显然，静力水准观测系统安装埋设的主要工作是水力连通管、大气平衡连通管和传感器内腔平衡连通管的敷设和埋设。根据监测目的和承台组成结构特点，选择连通管敷设埋设位置的原则如下。

（1）连通管应尽可能沿钢筋网敷设，以避免混凝土振捣的损坏。

（2）连通管应尽可能沿隐蔽处敷设，必须确保连通管免遭烫伤。

（3）连通管的出口位置必须有利于观测基座的设置。

3.7.3　静力水准观测系统安装埋设实施细则和方法

静力水准观测系统安装埋设实施细则和方法具体如下：

（1）收到静力水准观测系统后及时进行验收。内容包括：实收静力水准仪及其电缆长度是否与订货单以及发货单一致，尤其应仔细核对规格和量程；检查每一套静力水准仪的率定资料和证书；核对测点标记（编号）是否与钢印号一致；检查静力水准仪及电缆的外观是否完好；采用便携式读数仪（频率计）和万用表检查渗压计及其电缆的性能是否正常、有关的技术参数是否满足要求，零漂检验时应进行 3 次以上的观测；一旦发现静力水准仪或电缆有缺陷，应立即落实备用的静力水准仪，并通知供应商补充备用静力水准仪；仔细检查水力连通管、大气平衡连通管和传感器内腔平衡连通管的气密性，并核对规格；填写入库清单（包括批次、仪器数量、仪器编号、电缆长度及计划用途等）。

（2）跟踪承台钢筋网摊铺和混凝土浇筑进度，及时进行连通管的摊铺和埋设。

（3）连通管敷设前应首先并束，然后沿钢筋网的隐蔽处敷设。

（4）连通管均埋设于第二层混凝土中。

（5）连通管敷设后应立即封闭大气平衡连通管和传感器内腔平衡连通管的两端，以避免水汽进入。

（6）随承台混凝土的浇筑，及时将连通管引出承台，引出端应可靠固定。

第4章　广角度安全监控中异常值识别及处理

超大型深水群桩基础结构响应的影响因素与其所处位置的水文气象条件、工程地质条件、结构形式、施工工艺、荷载大小、施工过程等有密切关系。正是这些因素的相互交织、综合影响，使实测数据序列蕴含着各种各样的异常值，导致其原因量和响应量的关系不明确，严重影响分析结果的合理性和可靠性。为了有效识别并检出实测信号中蕴含的噪声和异常值，提取反映结构真实响应的特征曲线，本章采用小波多尺度滤波技术对原始监测数据进行分层识别，从而提取高质量数据，为群桩基础承载性能和安全性的分析、决策提供可靠依据。

4.1　异常值成因分析

超大型深水群桩基础原型观测数据中的异常值成因主要包括以下几种类型。

（1）人为因素。测量过程中测量方法选择的得当与否影响着观测结果的正确与否。如传感器类型选择不当、安装方法不合理、数据采集过程参数选取错误，都会导致错误数据的产生。此外，测量人员操作和记录时的差错以及计算错误也会产生异常数据。

（2）外部环境因素变化。任何环境因素的明显变化，包括施工临时荷载、潮位涨跌、日照辐射、温度骤变及台风暴雪等均会引起实测值的异常波动。这种波动均为响应量成因变化引起的，通常不隐含结构破坏的信息。

（3）受力条件发生明显变化。对于大跨径斜拉桥及其群桩基础，其结构体系十分复杂，随着施工过程的推进，结构逐渐"生长"，在某些节点，结构体系会发生较大的变化，从而使群桩基础的受力条件发生突变，并导致实测值产生奇异。例如，钢套箱封底混凝土浇筑，在 1~2d 时间内，基桩承受的浮重量急剧增大 217MN；钢套箱内抽水也在几天内使基桩承受约 500MN 的浮力，并使基桩从受压状态快速转换为受拉状态；由于索塔采用倒 Y 形结构，并设下横梁，故在下横梁强度形成前（下塔柱和下横梁浇筑）后、索塔交汇段强度形成前（中塔柱浇筑）后，群桩基础所承受的荷载在平面上的分布均存在突变现象（主要表现为横桥向荷载分布梯度的急剧变化）；在钢箱梁边跨合拢前后以及主跨合拢前后，群桩基础所承受的荷载在平面上的分布也存在突变现象（主要表现为纵桥向荷载分布梯度的急剧变化）；在全桥动静荷载试验期间，群桩基础的应力及其分布也会产生一定的突变。

（4）地基基础的受力条件产生恶化，并出现失稳征兆。例如，河床剧烈冲刷，持力层厚度严重减薄，承载力大幅下降、沉降量急剧增大；河床产生局部强冲刷，群桩基础的受力条件恶化并产生整体倾斜，甚至失稳；产生船撞事故，群桩基础严重损伤；承台大体积混凝土温度裂纹严重并不断开展，承台钢筋锈蚀而丧失结构强度；群桩效应突出，承载力大幅丧失等。

4.2 异常值分类

4.2.1 不同成因类型的异常

（1）假异常。假异常往往因为人为因素所致。它们在数值上具有偶然性和孤立性，属于明显的异常点，而且该异常点不反映原因量和响应量之间的因果关系，是完全意义上的异常。

（2）真异常。真异常是指由于原因量的变化导致结构响应量出现相应变化产生的异常。该类异常根据其对结构的影响程度又可分为表观异常和征兆异常。

表观异常虽然是监测对象真实的应力响应，但这种响应主要由于各种环境因素和施工过程中的偶然因素导致的，往往表现为规律性很强的异常点、异常过程或异常群。对于强潮汐流河段的深水群桩基础监控系统，其表观异常主要包括以下几个方面。

1）感潮河段潮位涨跌产生的异常。

2）日照辐射、风荷载导致的异常。

3）环境温度变化引起的异常。

4）施工机械振动产生的异常。

征兆异常是反映结构失稳或破坏的异常，引发因素以工程荷载为主、环境因素为辅。往往表现为非周期的异常。由于现场环境和施工过程的复杂性，表观异常与征兆异常的界限很难确定，而且表观异常很可能向征兆异常发展。因此，在对异常属性进行判别时，还要依据一定的识别原则进行区别。

4.2.2 不同表现形式的异常

在实时监测过程中，由于异常产生的原因及影响频度不同，其表现形式也将不同，为此将异常划分为异常点、异常过程和异常群。

（1）异常点。即异常是以孤立点的形式出现。具体表现就是 t 时刻的观测数据为异常值，而在 t 时刻的某一个邻域内的其他观测数据是正常值。

（2）异常过程。因相关性影响，同一测点会在一段时间内连续出现异常。其特点就是 t 时刻出现异常值，其前后几个连续采样点绝大部分测值也为异常值，而且从整个时程序列看，其异常表现具有周期性。

（3）异常群。若某一部位多个测点的测值在 t 时刻同时出现异常，则称这多个异常值为异常群，其特点就是异常值出现具有成片性和偶然性。

研究表明，不同类型的异常值性质不同，对结构的危害程度也有所不同。它们往往相伴而生，很难直接识别，需要结合气象、工况等资料进行分析后再作区分。因此，在对异常值进行检出并修正前，需要对其异常属性进行正确的识别。

4.3 异常属性识别的原则

为了对监测数据的异常属性进行正确识别，在对监测部位的地质条件、监测对象的结构特点、施工及加载过程、监测点的埋设位置和状态以及环境因素等方面做全面深入分析的基础上，还需遵循以下原则。

（1）非单点原则。任何结构的变形破坏不会仅限于孤立的点，各测点一定具有"裙带"关系。因此，相邻点观测值的比较非常必要。如果同一时刻不同测点或同一测点不同测次中异常值所占的比例越高，属真异常的可能性就越大。若是孤立的异常，尤其是孤立的大异常值，则多属假异常。

（2）一致性原则。反映地基基础失稳破坏的响应量变化通常遵循一定的规律，若是矢量，还应保持一定的方向性。对于没有规律、大小不一、方向凌乱的异常值通常不指示失稳征兆。

（3）累进性原则。结构的变形破坏通常有一个发生、发展的过程，其响应多表现出渐进性和累进性。若是突然、偶然的大异常，则由差错引起的可能性较大。

（4）合理性原则。即在一定的边界条件、一定的组成结构和环境条件下，结构的响应形式（尤其是位移的方向）应具有一定的规律。当异常与这些规律相左时，应考虑是假异常。

（5）无因果原则。结构的响应量与原因量之间通常存在某种因果关系，即原因量发生变化时，响应量必然有相应的变化；否则应进一步区分异常的性质。

（6）可视性原则。针对暴露在空间的结构，如斜拉桥索塔、承台和大坝坝体等，通过目视其混凝土开裂状况就可以发现相应的异常，此时的异常属性容易判别。

4.4　异常值检出方法

4.4.1　经验判别法

经验判别法又称为过程线法，该法通过绘制观测数据的时间过程曲线和空间分布图查看离群尖点，同时结合尖点离群时刻的工程进展情况、环境变化情况进行综合分析，进而直观判断安全监控资料是否存在异常值。该法简单明了，对于判断非常奇异的测值很方便。

4.4.2　统计学判别法

异常值检出的统计学方法都是建立在随机样本观测值服从正态分布，且异常值的出现属小概率事件的基础上的。因此，在正常情况下，观测数据序列不会出现异常值。一旦出现异常值，则表明结构出现了异常响应。此时，应对其进行及时判别，以确定异常属性，保证结构安全。

用来识别异常值的 2 倍或 3 倍标准差，称为统计上允许合理误差限。凡是偏差超过允许合理误差限的离群值，都认为是异常值。在统计检验中，指定为检测出异常值的显著水平 α' 称为检出水平，通常取 $0.05 \sim 0.10$；指定为检测出高度异常值的显著性水平 α'' 称为舍弃水平，通常取 0.01。

目前，常用的统计判别法有拉依达检验法、格鲁布斯（Grubbs）法、t 检验法、狄克松（Dixon）检验法等[215]。然而，不同检验方法的检验功能不同，适用场合也不同。当一组测定值只有一个异常值时，以格鲁布斯法的检验结论为准；有一个以上异常值时，以狄克松检验法的检验结论为准。

4.4.3 小波奇异性检测法

信号的奇异点是指信号中的突变点，它是描述瞬态信号的一个重要特征；奇异性则是对信号突变程度的定性描述，数学上通常用 Lipschitz 指数来描述，定义如下。

设有正整数 n，$n \leqslant a \leqslant n+1$，如果存在正整数 K 及 n 次多项式 $P_n(x)$，使得

$$|f(x) - P_n(x-x_0)| \leqslant K |x-x_0|^a \tag{4.1}$$

对于 $x \in (x_0-\delta, x_0+\delta)$ 成立，则称 $f(x)$ 在 x_0 点是 Lipschitza 函数在该点的 Lipschitz 指数 a，它刻画了 $f(x)$ 在 x_0 处的正则性，a 越大，表示该点的光滑度越高，a 越小，该点的奇异性就越大[216]。

为了方便，常采用卷积形式定义小波变换[217]，即

$$W_f(a,b) = f * \psi_{a,b}(x) = \frac{1}{\sqrt{a}} \int_R f(x) \psi\left(\frac{x-b}{a}\right) \mathrm{d}x \tag{4.2}$$

式中　$W_f(a,b)$ ——小波变换系数；

　　　　$f(x)$ ——信号函数；

　　　　$\psi(x)$ ——小波基函数；

　　　　a, b——分别为小波基函数的尺度和平移因子。

设 $\theta(x)$ 是一个起平滑作用的低通平滑函数，且满足条件

$$\begin{cases} \displaystyle\int_{-\infty}^{\infty} \theta(x)\mathrm{d}x = 1 \\ \displaystyle\lim_{|x|\to\infty} \theta(x) = 0 \end{cases} \tag{4.3}$$

假设 $\theta(x)$ 二次可导，于是有

$$W_f^{(1)}(a,b) = f * \psi_a^{(1)}(x) = f * \left[a \frac{\mathrm{d}\theta_a}{\mathrm{d}x}(x) \right] = a \frac{\mathrm{d}}{\mathrm{d}x}(f * \theta_a)(x)$$

$$W_f^{(2)}(a,b) = f * \psi_a^{(2)}(x) = f * \left[a^2 \frac{\mathrm{d}^2\theta_a}{\mathrm{d}x^2}(x) \right] = a^2 \frac{\mathrm{d}^2}{\mathrm{d}x^2}(f * \theta_a)(x) \tag{4.4}$$

由此可见，小波变换 $W_f^{(1)}(a, b)$、$W_f^{(2)}(a, b)$ 分别是函数 $f(x)$ 在尺度 a 下由 $\theta(x)$ 平滑后再取一阶、二阶导数。当 a 较小时，$\theta_a(x)$ 对 $f(x)$ 平滑的结果对 $f(x)$ 突变部分的位置与形态影响不大。当 a 较大时，此平滑过程会将 $f(x)$ 的一些细小突变消去，而只留下大尺寸的突变。因此，当小波函数是某一平滑函数的一阶导数时，信号小波变换的模的局部极值点对应信号的突变点；当小波函数是某一平滑函数的二阶导数时，信号小波变换模的过零点，也对应信号的突变点。也就是说，通过小波变换系数模的过零点和局部极值点可以确定原始信号中突变点的位置，进一步则能识别出观测数据序列中的异常值。

4.4.4 深水群桩基础监测异常值检出方法比选

作为代表性实例，选择苏通大桥广角度安全监控系统基桩轴力监测网中的 68 号边桩桩顶轴力观测点从 2007 年 12 月 5 日 0：00 到 12 月 31 日 24：00 期间共 645h 的观测数据序列（图 4.1），进行异常值检出和分析，观测频度为 3h。

如前面所述，实时观测数据序列中的异常值主要来自两个方面：由于仪器使用不当、

人为疏漏、误读误记等原因造成的异常；由于环境因素变化、结构或地基条件改变而引起的观测值极端波动。前者导致的异常值是对基础安全性评价有害的异常测值，应予以剔除，而后者导致的异常值则是原因量变化引起的异常或带有基础安全性态变化信息的异常，它们均属真异常，需进行专门研究。

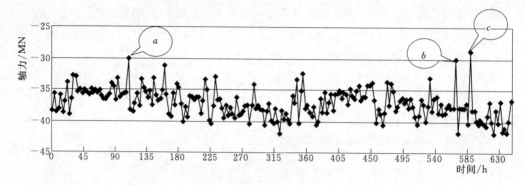

图 4.1　基桩轴力原始时程曲线

经验判别法主要根据结构受力常识和专家经验，辅以时间过程线和空间分布图以及效应量的变化情况进行分析判断，主要适用于相对于离群较大异常值，即假异常值的判断，如图 4.1 所标注异常测点 a、b、c；采用拉依达检验法对上述数据进行检验，其结果显示与经验判别法一致，说明该法对粗大异常值检出很有效；采用格鲁布斯（Grubbs）法时只有异常测点 c 被检出，而且因为样本数量超过 50 个，因此需要先对测量序列进行分段，然后再进行异常值检出。结果显示该法不仅计算繁琐，而且检出精度也不高。这说明对于样本数量多，且异常值超过一个的观测数据序列，该法并不适用。同理，t 检验法也不适用；狄克松检验法对有一个以上异常值的检验结论比较可靠，然而它也只适用于样本数量不超过 40 个观测数据序列的异常值检验，在此很难实施。

利用小波变换识别观测数据序列异常值的基本方法是：对观测数据序列进行多分辨分析，在信号出现突变时，其小波变换后的系数具有模极大值，因而可以通过对模极大值点的检测来确定奇异点，由此可检测到观测数据序列的异常值。如采用 Db4 小波对上述观测数据序列进行 3 层分解，分解结果如图 4.2 所示。其中，s 为实测数据；a_3 对应第三层的高频部分，为剔除异常值后的有效数据；d_1、d_2、d_3 分别对应第一层、第二层、第三层的高频部分。

图 4.2 中显示，第一层高频部分分别在第 37、117、190 和 197 处传播出模极大值点，这些点很显然为信号的奇异点，其对应着基桩轴力观测数据序列的异常值；第二层高频部分分别在第 57、77 和 192 测次处传播出的模极大值点也应为信号的奇异点，即也对应着基桩轴力观测数据序列的异常值；在第三层上第 60 和 160 测次处的模极大值说明基桩轴力观测数据序列在该处表现异常。

由此可见，小波奇异性检测法对基桩轴力观测数据序列的异常值定位检出非常准确，该点测值在时域中处于一个非常小的范围内。需要说明的是，为了检测出信号的奇异点，所选择的小波基函数必须很正则。

图 4.3 得到的是剔除异常值后的小波逼近信号，可以看出，随着分解尺度的增加，时

间分辨率降低，噪声影响变小，实测基桩轴力时程曲线的发展趋势越来越清晰。

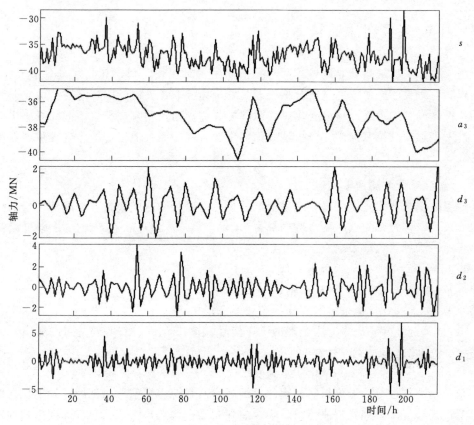

图 4.2　3 层 Db4 小波分解细节信号

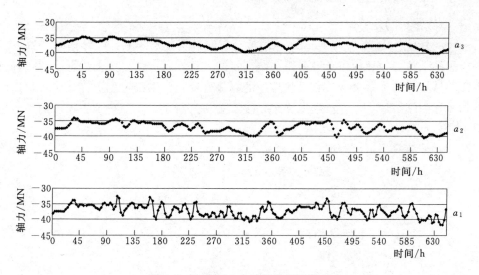

图 4.3　3 层 Db4 小波分解逼近信号

事实上，考虑到离群测值检验的复杂性和对群桩基础安全性评价的重要性，在检验过程中，应结合环境因素与原始监测数据的相关性分析对异常值进行研究，避免出现误判，尽量做到既要剔除对群桩基础安全性评价有害的异常测值，又不失去有价值的信息。

4.5　小波多尺度滤波技术

超大型深水群桩基础监测过程通常是长期的实时在线监测，其数据量非常大。因此，如何对实时采集的海量数据进行分析处理是安全监控非常关键的内容之一。由于监测信号包括各种激励（如加载、环境变化等）引起的响应，而这些响应会以不同的频率出现，因此，采用多尺度理论来描述、分析这些信号十分自然，而且能很好地表现现象或过程的本质特征。

4.5.1　小波多尺度滤波模型

监测数据从数学角度来看，就是函数，是某一变量随时间或频率或其他变量而变化的函数。因此，假设某测点的测量数据集合为 $Y=\{f(t_1),f(t_2),\cdots,f(t_n)\}$，则可以将含有异常值的一维测量数据表示成

$$f(t_i)=s(t_i)+\varepsilon e(t_i) \quad (t=1,2,\cdots,n) \tag{4.5}$$

式中　$f(t_i)$ —— 第 i 次的采样数据；

$\quad\quad s(t_i)$ —— 第 i 次采样中蕴含的有效信息；

$\quad\quad e(t_i)$ —— 第 i 次采样中叠加的噪声信号，被认为是一个 1 级高斯白噪声，通常表现为高频信号；

$\quad\quad \varepsilon$ —— 噪声级，$\varepsilon>0$ 且为常数。

对监测数据进行信号分析和处理的目的就是凸显蕴含在信号内部的有效信息，即通过对信号的某种加工，如异常值检出、噪声滤除及数据融合等方法来提取数据序列的特征参数，从而对监测结果进行正确分析与决策。

4.5.2　小波多尺度分析理论

多尺度分析是 1988 年 S. Mallat 在小波分析基础上发展起来的一种信号分解方法。其主要思想就是将待处理的信号序列用小波变换的方法在不同的尺度上进行分解，分解到粗尺度上的信号称为平滑信号，它反映信号的趋势性变化；在细尺度上存在而在粗尺度上消失的信号称为细节信号，它被当做噪声，置零后再进行重构，即得到去噪后的平滑信号和细节信号。

Mallat 分解算法可以写成

$$\left.\begin{aligned}
A_0 f(n) &= f(n) \\
A_j f(n) &= \sum_k \tilde{h}(2n-k)A_{j-1}f(k) \\
D_j f(n) &= \sum_k \tilde{g}(2n-k)A_{j-1}f(k)
\end{aligned}\right\} \tag{4.6}$$

式中　n —— 离散时间序列号，$n=0,1,\cdots,N-1$；

$A_0 f(n)$ —— 采样后的原始信号；$j=1,2,\cdots,J$，J 为层数，$J=\log_2 N$；

$\quad\quad \tilde{h}、\tilde{g}$ —— 时域中的小波分解滤波器，实际上是滤波器系数；

$\quad\quad A_j$ —— 信号 $A_0 f(n)$ 在第 j 层近似部分的小波系数；

D_j——信号 $A_0 f(n)$ 在第 j 层细节部分的小波系数。

Mallat 的重构算法则为

$$A_j f(n) = \sum_k h(n-2k)A_{j+1}f(k) + \sum_k g(n-2k)D_{j+1}f(k) \qquad (4.7)$$

式中　j——分解的层数，若分解的最高层为 J，则 $j=J-1,J-2,\cdots,1,0$；

　　h、g——时域中的小波重构滤波器，实际上也是滤波器系数。

通常情况下，有用信号表现为低频信号或是一些比较平稳的信号，而噪声信号主要包含在小波分解的高频层（为最精细尺度）。但是，要获得准确信息，仅保留分解的低频部分是不够的。这是因为原始信号中的部分高频信息也是监测对象真实的反映，如果简单地将所有分解出来的高频信息一概去掉，将会使去噪后的信号失真。小波阈值消噪法[218-221]能够根据信号和噪声的小波变换系数在不同尺度下的特性选择参数 λ（称为阈值），并通过软阈值化或硬阈值化处理后，实现信噪分离。此种方法能使估计信号实现最大均方误差最小化，即消噪后的估计信号是原始信号的近似最优估计，且估计信号和原始信号同样光滑而不会产生附加振荡。因而具有广泛的适应性。

由于小波在不同尺度下随着尺度的增大，其小波变换系数将逐渐减小，所以在不同尺度下寻找与之最匹配的阈值进行消噪，可以更有效地去除噪声和保留有效信息。

4.5.3　实例与分析

苏通大桥群桩基础广角度安全监控系统在两个主塔塔墩共埋设了 1531 套用于长期观测的传感器，类型有混凝土应变计、钢筋应力计、表面应变计、土压力盒、无应力计和水压力计等。为了查清群桩效应和力的传递机理，客观评价群桩基础的整体稳定性，因此需要精细的分析数据。但原型观测数据包含有强烈的噪声，这些噪声来源于潮位、波浪、温度等环境因素和偶然因素，会严重干扰分析结果的可靠性。故采用小波多尺度滤波技术，针对不同噪声的特点进行信噪分离。分析依据为大桥苏州侧代表性基桩桩顶断面的应变传感器从 2005 年 1 月 25 日到 2008 年 7 月 23 日期间的实时监测数据（图 4.4）。期间包括的工况有承台浇筑、索塔浇筑、索塔封顶、边跨合拢、主跨合拢、桥面铺装、动静载试验、暴雪期间及正式通车运营后。

在用小波多尺度分析对观测数据序列进行消噪处理时，小波基函数的选择至关重要，它直接影响着去噪的效果。目前，常用的小波基函数有 Haar 小波、Daubechies（DbN）小波、Symlets（Sym$N$）小波、Biorthogonal（BiorNr. Nd）小波、Morlet 小波、Marr 小波和 DOG（Difference of Gauss）小波[222]。由于不同小波基函数的适用性不同，因此结合观测数据序列特点，通过对相应 3 种小波基函数在不同尺度下的信噪比对比分析（表4.1）可知，当对原始数据进行小尺度分解时，Coif4 小波的信噪比较大，而进行多尺度分解时，Db4 小波的信噪比较大。这是因为原始观测数据序列中叠加了很强的周期性环境因素引起的结构响应，致使数据有较好的周期性。而 Coiflet 小波由 Daubechies 构造，它的小波函数的 $2N$ 阶矩为零，尺度函数的 $2N-1$ 阶矩为零，并具有比其他小波基函数更好的对称性。因此，在低层处理时，可以利用其优势对数据序列中的随机噪声进行剔除，如图 4.5 所示；而在多层处理时，采用 Db4 小波对周期性低频噪声进行剔除，从而获得仅反映荷载及其真实应力响应的应力时程曲线，如图 4.6 所示。

表 4.1　　　　　　　　　　　不同小波基函数去噪后信噪比 SNR

测点编号	Db4		Sym4		Coif4	
	尺度 2	尺度 4	尺度 2	尺度 4	尺度 2	尺度 4
5917	15.21	9.02	15.40	7.59	16.30	8.07
6117	26.47	17.77	27.42	17.07	27.96	17.31
6417	25.68	17.69	26.99	17.30	27.43	18.39
12417	23.51	13.76	24.73	13.88	23.21	14.00
12617	22.35	14.90	22.56	14.78	23.44	14.63
12817	24.99	18.90	25.88	20.42	26.16	19.77

在超大型深水群桩基础安全监控过程中，观测数据序列往往是多种结构响应的叠加。它既包含以高频形式出现的异常点（图 4.4 所示应力时程曲线中的锯齿状尖峰，图中测点编号 5917、6117 及 6417 为苏州侧上游边桩各测点；12417、12617 及 12817 为苏州侧下游侧边桩各测点），也包含以低频形式出现的异常过程（图 4.5 所示应力时程曲线中周期性的变化过程，测点编号同图 4.4）。同时，这些因素不仅只影响某个测点，还会导致观测系统出现异常群，从而严重干扰桩基础承载性能的分析和预测。为此，只有正确分析其

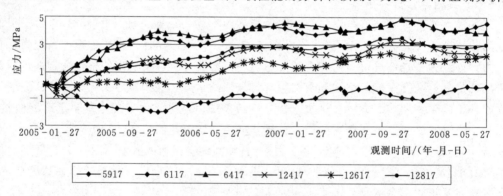

图 4.4　原始应力时程曲线

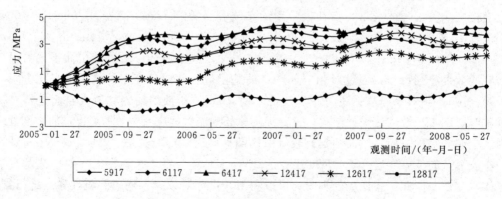

图 4.5　剥离随机噪声后的应力时程曲线

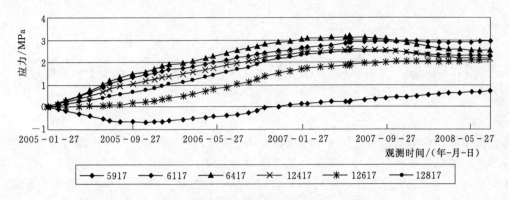

图 4.6 剥离周期性噪声后的应力时程曲线

影响因素，才能按不同分解尺度进行逐层消噪。从而保留真实、有效的应力时程曲线。图 4.5 就是通过小波小尺度阈值消噪法剔除一些高频随机噪声得到的光滑曲线，而图 4.6 则是考虑季节性温度变化产生的异常过程后增大消噪尺度，剔除温度因素后得到的反映荷载与应力响应真实关系的应力时程曲线。

从某种意义上讲，安全监测的目的就在于提前和及时发现异常，防患于未然。通过上述实例分析可以看出，实测数据中存在的大量不指示结构破坏、失稳的表观异常点，甚至异常群和异常过程，这些异常干扰了对深水群桩基础安全性的评判。虽然说采用上述方法可以获取群桩基础受力后的真实响应，但在采用小波多尺度滤波技术进行去噪处理时，应先对可能的异常进行深入分析，从而能正确选用消噪尺度。

第5章　广角度监控中的数据融合算法

数据融合算法是将来自多个传感器或多源的数据进行综合处理，从而得出更为准确、可靠结论的融合算法。超大型深水群桩基础结构复杂、体积庞大，其安全稳定问题表现形式多样，影响因素十分复杂，使得需要监测的部位和因素、原因量和响应量都非常多。显然，对于多因素、多传感器、多尺度和广角度监测而言，采用数据融合算法对具有相似或不同特征模式的实测数据进行融合处理，以获得对监控对象一致性的描述。其研究的重点是特征识别和算法，这些算法能够使得多源信息互补集成，能够改善不确定环境中的决策过程，解决把数据用于确定共用时间和空间框架的信息理论问题。同时，还能够用来解决模糊的和矛盾的问题。它与经典信号处理方法之间的本质区别是，它具有更复杂的形式，而且可以在不同数据层上出现。

本章在对数据融合特征、数据融合结构模型、数据融合处理层次分析的基础上，采用分布式结构模型构建苏通大桥超大型深水群桩基础多传感器监测系统融合结构模型。同时对目前较为成熟的数据融合算法进行了描述。

5.1　数据融合技术概述

数据融合技术是对多个传感器数据进行处理的关键技术。它通过对各个传感器在空间或时间上冗余或互补的信息在不同层次上进行综合，形成比单一信息更完全、更精确的估计和判决。从而使融合系统比组成它的各个子系统具有更优越的性能[223]。

数据融合之所以能有效地提高系统的性能，关键在于该技术融合了精确的和非精确的数据，尤其是在数据具有不确定性和未知变化的情况下。同时，多传感器融合系统与单传感器数据处理方式相比，单传感器数据处理仅仅是对传感器数据的一种低水平模仿，不能像多传感器融合系统那样有效地利用多传感器资源。多传感器融合系统可以更大程度地获得被探测目标和环境的信息量。多传感器融合系统与经典信号处理方法之间存在本质的区别，其关键在于多传感器数据具有更复杂的形式，而且可以在不同的数据层上出现。多传感器数据融合的主要优势可以归纳为以下几点[224]。

（1）可以提高数据的可信度。多传感器数据融合处理后可以更加准确地获得有关周围环境目标的某一特征或一组相关特征，使整个系统所获得的综合信息具有更高的精度及可靠性。

（2）可以降低数据的不确定性。一组相似传感器采集的数据存在冗余性，这种冗余数据适当融合可以在总体上降低信息的不确定性，这是因为每个传感器的噪声是不相关的，融合处理后可明显抑制噪声，降低不确定性。

（3）增加目标特征矢量的维数。不同传感器采集的数据存在互补性，这种互补性经过适当处理后可以补偿单一传感器不能获得的特征信息，使多传感器系统不易受外界干扰。

（4）提高系统容错能力。多传感器数据的融合可以增加系统的可靠性，某个或某几个传感器失效时，系统仍能正常运行。

（5）可以保证数据获取的高效、快速。多传感器数据采用并行处理，能够简化分别处理单个传感器的步骤。加之许多需要压缩的原始数据互相关联，可最大限度地利用其信息，因而可以更迅速、更经济地获取有关环境的多种信息。

（6）减少获得信息的代价。相同时间内，多传感器系统能获得更多的信息，特别是在测量高速运动目标时更是如此，从而减少了获得信息的代价。

5.2 数据融合的特征

数据融合是将不同来源、不同介质、不同模式、不同时间、不同表示形式的信息加以有机组合，最终得到被感知对象的精确描述。融合多传感器的信息可以得到单个传感器所不能得到的精确特征，而其特征主要表现为信息的冗余性与互补性。

冗余信息是由多个传感器提供的关于环境信息中同一特征的多个信息，也可以是某一传感器在一段时间内多次测量得到的信息。因此，冗余信息的融合肯定会减少信息的不确定性，提高对象特征感知的准确度。同时，在某些传感器发生故障或失灵时，多传感器提供的冗余信息可以提高系统的可靠性；而互补信息则是把每个传感器提供的彼此独立的环境特征（即感知的不同侧面的环境特征）综合起来构成的对环境更为完整描述的信息。互补信息的融合减少了由于缺少某些环境特征而产生的对环境理解的歧义，提高了系统对环境描述的完整性和正确性，增强了系统正确决策的能力。由于互补信息较多来自于异类传感器，它们在测量精度、范围、输出形式等方面有较大差异。因此，在融合前将不同传感器的信息抽象为同一种表达形式就显得尤为重要。这一问题涉及不同传感器统一模型的建立。

正因为多传感器数据融合所获得的信息具有冗余性和互补性。因此，可以使得多传感器数据融合系统具有较强的鲁棒性。从广义上讲，多传感器数据融合可以推广到多设备融合、多系统融合和多尺度融合。

不过也要看到，由于引入多个传感器后增加了系统的复杂程度，导致系统的可靠性下降，这与数据融合在某些应用中会增加系统的可靠性优点的结论正好相反。另外，数据融合在经济性和性能表现上还存在矛盾。

5.3 数据融合结构模型

数据融合模型设计是多传感器数据融合的关键问题，它直接决定融合算法的结构、性能以及系统的规模。模型设计取决于实际的需求、可行性以及性价比等。它主要包括功能和结构模型。其中，功能模型从融合过程出发，描述数据融合包括的主要功能、数据库以及进行数据融合时系统各组成部分之间的相互作用过程；结构模型描述融合系统的结构组成，明确系统组件的安排管理、数据流向及其相互关系，同时还指出一个系统的数据或信息交换的实现方式。本节主要介绍结构模型分类及其特点。

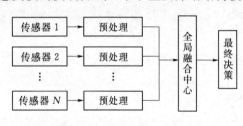

图 5.1　集中式融合结构模型

（1）集中式结构模型。在集中式结构模型中，各传感器对结构监测的原始数据全部传送到一个总的融合中心，由融合中心借助一定的准则和算法对这些数据信息进行联合、筛选、相关和特征提取等融合处理，并给出最终决策，如图 5.1 所示。从理论上来说，只要融合中心的处理器具有足够的计算能力和通信带宽，其融合精度就能得到最大程度的保证。然而，由于该模型是对所有传感器数据进行统一融合处理，对于广角度监控系统而言，由于传感器数量非常庞大，一次处理的数据量过大，会导致融合中心计算负荷很大，因此难以实现。

（2）分布式结构模型。该模型是在保证一定性能的前提下，将各传感器按照被测对象特征分成多个子系统，对应各个子系统建立多个子融合中心，由子融合中心对同目标对象传感器提供的数据进行融合，作出本地决策，再将各个本地决策传送到总的融合中心完成最终决策，如图 5.2 所示。由于该模型采用的是分散处理、集中决策的融合方式，提高了系统的可行性，使其计算速度快，极大地降低了融合中心的工作负荷，减轻了系统内部的通信压力，能够在更高层次上集中多方面信息做出最终决策，从而使得分布式结构模型成为目前多传感器数据融合模型设计的主要方法。

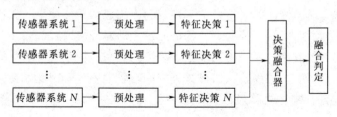

图 5.2　分布式融合结构模型

5.4　数据融合处理层次

根据数据融合的层次和实质内容来看，多传感器数据融合处理层次分为数据层融合（Data Level Fusion）、特征层融合（Feature Level Fusion）和决策层融合（Decision Level Fusion）[225]。

5.4.1　数据层融合（又称像素级融合）

数据层融合如图 5.3 所示。数据层融合是直接将各传感器的原始观测数据进行融合，并从融合后的数据提取特征向量，完成对被测对象的综合评价。这种融合要求所用传感器的类型一致（即同类传感器），且在各种传感器的原始观测数据序列未经预处理之前就进行数据的综合和分析，因此属于最低层次的融合。这种融合的主要优点是能保持尽可能多的现场数据，提供其他融合层次所不能提供的细微

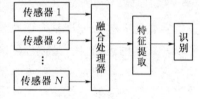

图 5.3　数据层融合

信息。但是在信息量过大时，会存在计算速度慢、抗干扰能力差的问题。

5.4.2 特征层融合（又称特征级融合）

特征层融合如图 5.4 所示。特征层融合既可以用于分布式融合结构，也可以用于集中

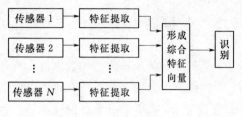

式融合结构。它先对每个传感器的原始数据进行特征提取，然后又将这些特征数据进行分类并融合成一个综合特征向量，从而完成对被测对象的综合评价。特征层融合对原始观测数据进行了一定的压缩，有利于实时处理，并且由于所提取的特征数据直接与决策分析有关，因而融合结果能最大限度地给出决策分析所需要的特征数据。

图 5.4　特征层融合

特征层融合可划分为目标状态融合和目标特性融合两大类。

目标状态融合主要用于多传感器目标跟踪领域。融合系统把目标特征向量从不同传感器数据中提取，然后将其连接起来形成一个综合特征向量并输入到某个分类器。这样，一旦新的特征向量输入时，分类器就可以以一定的概率、置信度或优先级指出该特征向量的类型，从而实现目标识别。

目标特性融合是指特征层联合识别。具体的融合方法仍然是模式识别的相应技术，只是在融合前必须先对特征进行相关处理，把特征向量分成有意义的组合。

5.4.3 决策层融合（又称决策级融合）

决策层融合如图 5.5 所示。决策层融合是指在分别对每个传感器的原始观测数据独立地完成特征提取和评价后，再把各自的结果输入到融合器，并根据一定的融合算法和可信度做出最优决策。这种融合方法具有很高的灵活性，系统对数据传输的带宽要求较低，对传感器的依赖性小（传感器可以是同类也可以是异类），能融合不同类型的数据，即使在一个或几个传感器失效时，系统仍能继续工作，具有良好的容错性和可靠性。但是当各传感器接收信号不是相互独立时，决策层融合的分类性能相对于特征层融合的分类性能来说是次优的。

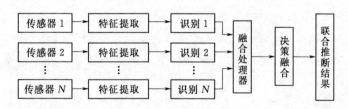

图 5.5　决策层融合

决策层融合输出的是一个联合决策结果，理论上这个联合决策应比任何单一传感器的决策更精确或更明确。决策层融合常用的方法有 Bayes 理论、D-S 证据理论、模糊集理论及专家系统方法等。由于决策层融合能有效地融合反映环境或目标各个侧面的不同类型信息，而且可以处理非同步信息，因此目前有关信息融合的大量研究成果都是在决策层上

取得的，并且构成了信息融合的一个热点。但是由于环境和目标的时变动态特性、先验知识获取的困难性、知识库的巨量特性以及面向对象的系统设计要求等，致使决策层融合理论与技术的发展仍受到阻碍。

5.5　数据融合算法

数据融合算法作为一种数据综合处理技术，是许多传统学科和新算法的集成与应用，它泛指所有用来对多源系统获得的多个数据进行各种处理及推理，以构成对被测对象一致描述的方法。以下是一些目前较成熟且应用广泛的融合算法[226]。

（1）加权平均法。加权平均法是最简单、直观的融合方法。基本过程为：设用 n 个传感器对某个物理量进行测量，第 i 个传感器输出的数据为 X_i，其中 $i=1，2，\cdots，n$，对每个传感器的输出测量值进行加权平均，加权系数为 ω_i，得到的加权平均融合结果为 $X=\sum_{i=1}^{n}\omega_i X_i$。加权平均法将来自不同传感器的冗余信息进行加权平均，并把处理结果作为最终融合结论来实现，其关键在于权值的确定。

（2）Bayes 估计法。Bayes 估计法是一种统计融合算法，是融合静态环境中多传感器低层数据的一种常用方法。它适用于具有可加高斯噪声的不确定信息处理。与其他需要先验知识的算法一样，该方法也需要根据观测空间的先验知识，来实现对观测空间物体的识别。在给定证据的条件下，Bayes 估计法能提供一种计算条件概率即后验概率的方法。运用 Bayes 估计法中的条件概率公式来进行推理，结果还是令人满意的。尤其是当没有经验数据可以利用时，用主观概率代替假设事件的先验概率和似然函数的特性，可以使它应用于多传感器数据融合。但是等出现多个假设事件和各事件条件相关时，Bayes 估计则变得难以实现，而且也不能处理带有不确定性的问题。

（3）Dempster - Shafer 算法。Dempster - Shafer 算法是一种不精确推理理论，是 Bayes 估计法的推广。它能捕捉、融合来自多传感器的信息。在多传感器数据融合系统中，每个传感器都有一组可观测量，这些可观测量都体现了物体及其所在环境的某些信息。利用各分类算法对这些可观测量进行分类，并依据对其类型的判别赋予一个 0～1 之间的概率分配值，这个概率分配值反映了对该判决的确信程度。概率分配值越接近于 1，说明该判决越有明确的证据支持。这里，每个传感器信息源就相当于一个证据体。将不同证据体通过 Dempster 规则进行融合而成为一个新的证据体，并计算证据体的似真度，最后用某一决策选择规则获得最后的结果。

（4）Kalman 滤波融合算法。该算法主要用于动态环境中冗余信息的实时融合。该方法应用测量模型的统计特性递推地确定融合数据的估计，且该估计在统计意义下最优。Kalman 滤波融合算法分为分散 Kalman 滤波（DKF）和扩展 Kalman 滤波（EKF）。DKF 能够实现多传感器数据融合完全分散化，保证每个传感器节点的失效不会导致整个系统的失效。EKF 可以有效克服数据处理不稳定性及系统模型线性程度的误差对融合过程产生的影响。

（5）聚类分析。该算法是一种用途广泛的算法，能自动将数据聚类成不同的类别。所有的聚类算法都需要一个度量准则，该度量准则能说明任何两个特征矢量之间的靠近程度。例如，这两个特征矢量一个代表着输入数据，另一个则代表该输入数据所属的类型。聚类分析有很大的主观倾向性，因此在使用聚类分析方法时应对其有效性和可重复性进行分析，以形成有意义的属性聚类结果。

（6）模糊逻辑推理。模糊逻辑推理将多传感器数据融合过程中的不确定性直接表示在推理过程中，是一种不确定推理过程。在这种情况下，对于信息的表示是不能按照 0 和 1 进行简单的区分，而是运用模糊关联记忆，对对象是否属于某一集合赋予一个 0（确定不属于）～1（确定属于）之间的隶属度。该法首先对多传感器的输出模糊化，将所测得的物理量进行分级，用相应的模糊子集表示，并确定这些模糊子集的隶属函数，使每个传感器的输出值对应一个隶属函数；再使用多值逻辑推理，依据模糊集合理论的演算，将这些隶属函数进行综合处理；最后将结果清晰化，并计算出非模糊的融合值。

模糊逻辑的推理过程类似于人类的模糊思维、推理和决策方式，但是在具体应用中，标准检测目标和待识别检测目标模糊子集的建立会因为受到各种条件的限制而与实际目标类型有出入，加之其结果往往只对标准检测目标类型敏感，故只适合于实现多元信息的不精确推理。因此目前的研究趋势就是利用模糊决策对信息进行有效划分，并有效地结合其他数据融合算法，完成较为完整的数据融合推理和决策算法。

（7）神经网络算法。神经网络是模拟生物神经网络系统进行信息处理的一种数据融合方法。该方法首先根据数据系统要求和数据融合形式来选择神经网络的拓扑结构，对各传感器的输入数据进行综合处理后作为一个总体输入函数，并将此函数映射定义为相关单元的映射函数，然后通过神经网络与环境的交互作用把环境的统计规律反映到网络自身结构中，最后对传感器的输出信息进行训练，确定权值的分配，完成知识获取和数据融合，进而对输入模式做出解释，并将输入数据向量转化成高层逻辑符号。

基于神经网络的多传感器数据融合具有以下特点。

1）具有统一的内部知识表示形式，通过学习方法可将网络获得的传感器数据进行融合，获得相关网络的参数（如结点偏移向量、连接权矩阵等），并且可将知识规则转换成数字形式，便于建立知识库。

2）利用外部环境的信息，便于实现知识自动获取及进行联想推理。

3）能够将不确定环境的复杂关系经过学习推理融合为系统能理解的准确信号。

4）神经网络具有大规模并行处理数据的能力，使得系统处理速度很快。

由于神经网络本身所具有的特点，它为多传感器数据融合提供了很好的基础。基于神经网络多传感器融合的处理过程如下。

1）选定 N 个传感器对目标或对象建立检测系统。

2）采集 N 个传感器的原始观测数据并进行预处理。

3）对预处理后的各个传感器数据进行特征提取。

4）对特征数据进行归一化处理，以便为神经网络模型的输入提供标准形式。

5）将归一化后的特征数据和已知的系统状态数据作为训练样本，输入神经网络进行训练，直到满足要求为止。然后将训练好的网络作为已知网络，只要把归一化后的多传感器特征数据作为输入数据输入该网络，则网络输出的结果就是被测系统的状态。

5.6　数据融合模型构建

应用领域不同，数据融合模型则不同。对超大型深水群桩基础广角度安全监控系统而言，它包括多个监测传感器子系统，如应力应变、沉降变形、河床冲刷等，而每个子系统所接收到的信息内涵、层次有所不同。例如，基桩轴力监测子系统既有单一层次上的数据（如桩顶轴力监测点），也有几个层次上的数据（如基桩不同断面桩身轴力监测点）；变形监测子系统既有单一层次的沉降量观测，又有多尺度的宏观沉降和差异沉降观测。因此，融合的基本过程就是先对每个子系统建立多个子融合中心，对同系统传感器提供的单一层次数据进行系统内数据层融合处理，并通过特征层融合做出本地判决结论，然后将此结论作为更高层次融合处理的数据源传送到总的融合中心，进行更高层次的融合处理，从而获取超大型深水群桩基础安全性评价的最终判决结论。因此，数据融合的本质就是一个从低层到高层、由具体到抽象的多源数据整合过程。在此，采用分布式结构模型构建苏通大桥超大型深水群桩基础多传感器监测系统融合结构，如图 5.6 所示。

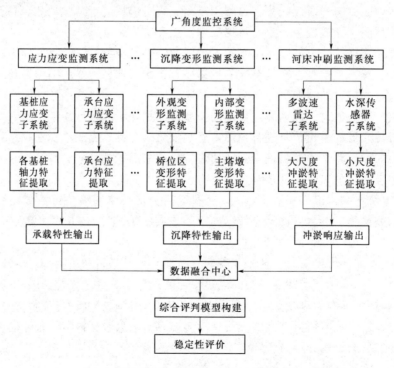

图 5.6　数据融合结构模型

第 6 章　数据融合算法在群桩基础受力监测中的应用

苏通大桥超大型深水群桩基础安全问题突出，因此对监控系统的要求也非常高，就监测广度来看，既需定期扫测桥位区的宏观河床形貌，也须实时监测群桩基础内部的河床冲淤情况；既需监测基桩的受力和传力，也需兼顾桩底土层的受力和基桩的弯曲与倾斜变形；既需监测桩身钢筋和混凝土的受力，也须监测钢护筒的受力和传力；既需监测因群桩效应而导致的基桩荷载分布的不均匀性，也须考虑因群桩基础和索塔倾斜而导致的桩顶轴力分布的不均匀性；既需监测承台的受力和传力，也须兼顾承台的弯曲和倾斜变形；既需监测承台的沉降，更关心承台的差异沉降以及承台的应力和大体积混凝土温度应力。

在此条件下，需要采用合适的数据融合算法对上述测试数据进行融合。由于多传感器监测系统进行融合分析时，既要考虑传感器个数，又要考虑其数据序列的特征。因此，本章采用技术相对成熟的 Bayes 估计融合算法对实测数据序列进行融合，以获取环境因素对群桩基础实测数据序列影响的程度；采用基于最优分配原则的权系数确定法及模糊聚类分析对实测数据序列（不失代表性，以苏通大桥北塔墩群桩基础的实测数据为例）进行融合分析，以获得对超大型复杂深水群桩基础受力特性的准确描述。

6.1　基于 Bayes 估计融合的群桩基础环境因素分析

通常情况下，影响超大型深水群桩基础传力机理、承载性能和受力安全性的环境因素有：气象因素，包括季节性温度变化、日照辐射、风等；水文因素，包括潮汐流、波浪、潮位变化等；不确定因素，包括施工过程中的临时荷载、船撞因素及地震因素等。事实上，现有的经济能力和监测技术还不能针对上述每个因素进行专门的研究。因此，结合苏通大桥现有的实测资料，主要分析潮位、日照辐射和季节性温度变化对群桩基础结构响应的影响。然而，由于各种因素相互交织、共同作用，导致不同原因量和响应量的关系非常不明确。因此，首先需要根据结构的"生长"过程（如在索塔浇筑之前，日照辐射对群桩基础的受力特点几乎没有影响）和环境因素的组合特点（如在阴天条件下，日照辐射对群桩基础的受力特点也几乎没有影响），制定周密的观测方案，并利用实时监测数据建立实测值与各环境因素之间的相关关系，再通过估计理论中的 Bayes 估计融合算法对其进行相关性的决策判定，从而获得不同环境因素的影响程度，为下一步的受力特性分析提供依据。

6.1.1　Bayes 估计融合算法

矩法估计、总概率最大值法及极大似然法都是在未知参数 θ 作为非随机变量的情况下讨论参数的估计问题。若事先可以提供未知参数 θ 的某些附加信息，这对参数 θ 估计是有益的，这就是 Bayes 估计的基本思想[227,228]。

定义 6.1（Bayes 估计）　设总的分布函数 $F(x,\theta)$ 中参数 θ 为随机变量，对任一决策函数 $d(\xi_1,\xi_2,\cdots,\xi_n)$，若有一决策函数 $d^*(\xi_1,\xi_2\cdots,\xi_n)$ 使得

$$B(d^*)=\min_d\{B(d)\} \tag{6.1}$$

则称 d^* 为参数 θ 的 Bayes 估计量。其中 $B(d)$ 称为决策函数 $d(\xi_1,\xi_2,\cdots,\xi_n)$ 的 Bayes 风险。

定理 6.1　如果损失函数取二次式，即

$$L(\theta,d)=[\theta-d(\xi_1,\xi_2,\cdots,\xi_n)]^2 \tag{6.2}$$

则参数 θ 的 Bayes 估计量为

$$d(\xi_1,\xi_2,\cdots,\xi_n)=E(\theta\mid\xi_1,\xi_2\cdots,\xi_n)=\int_\Omega\theta_\rho(\theta\mid\xi_1,\xi_2\cdots,\xi_n)\mathrm{d}\theta \tag{6.3}$$

因此，要求 θ 的 Bayes 估计，只要先求 $p(\theta\mid\xi_1,\xi_2\cdots,\xi_n)$ 即可。

1. 置信距离和关系矩阵

多传感器测量同一指标参数时，设第 i 个传感器和第 j 个传感器测得的数据序列分别为 X_i、X_j，且二者都服从正态分布，以它们的 pdf 曲线作为传感器的特征函数，记为 $p_i(x)$、$p_j(x)$，x_i、x_j 为 X_i、X_j 的某一次观测值。

为反映 x_i、x_j 之间的偏差大小，引进置信距离测度。设

$$d_{ij}=2\int_{x_i}^{x_j}p_i(x\mid x_i)\mathrm{d}x=2A \tag{6.4}$$

$$d_{ji}=2\int_{x_j}^{x_i}p_j(x\mid x_j)\mathrm{d}x=2B \tag{6.5}$$

式中，$p_i(x\mid x_i)$ 和 $p_j(x\mid x_j)$ 是条件概率，表达式为

$$p_i(x\mid x_i)=\frac{1}{\sqrt{2\pi}\sigma_i}\exp\left\{-\frac{1}{2}\left(\frac{x-x_i}{\sigma_i}\right)^2\right\} \tag{6.6}$$

$$p_j(x\mid x_j)=\frac{1}{\sqrt{2\pi}\sigma_j}\exp\left\{-\frac{1}{2}\left(\frac{x-x_j}{\sigma_j}\right)^2\right\} \tag{6.7}$$

A、B 分别为概率密度曲线 $p_i(x\mid x_i)$、$p_j(x\mid x_j)$ 下及区间 (x_i,x_j) 或 (x_j,x_i) 之上的面积。

d_{ij} 的值为第 i 个传感器与第 j 个传感器测值的置信距离测度。

当 $x_i=x_j$ 时，$d_{ij}=d_{ji}=0$。

当 $x_i\gg x_j$ 或 $x_i\ll x_j$ 时，$d_{ij}=d_{ji}=1$，$0\leqslant d_{ij}\leqslant1$。

d_{ij} 的值越小，说明 i、j 两个传感器的观测值越相近；否则偏差就越大。因此，也称 d_{ij} 为 i、j 两个传感器的融合度。d_{ij} 的值可借助误差函数 $\mathrm{erf}(\theta)$ 直接求得。

误差函数 $\mathrm{erf}(\theta)$ 为

$$\mathrm{erf}(\theta)=\frac{2}{\pi}\int_0^\theta\mathrm{e}^{-u^2}\mathrm{d}u \tag{6.8}$$

文献 [229] 已得到

$$d_{ij}=\mathrm{erf}\left(\frac{x_j-x_i}{\sqrt{2}\sigma_i}\right) \tag{6.9}$$

$$d_{ji} = \text{erf}\left(\frac{x_i - x_j}{\sqrt{2}\sigma_j}\right) \tag{6.10}$$

若有 m 个传感器测量同一指标参数，则置信距离测度 $d_{ij}(i, j = 1, 2, \cdots, m)$ 构成一个矩阵 $\boldsymbol{D}_m$：

$$\boldsymbol{D}_m = \begin{bmatrix} d_{11} & d_{12} & \cdots & d_{1m} \\ d_{21} & d_{22} & \cdots & d_{2m} \\ \vdots & \vdots & \ddots & \vdots \\ d_{m1} & d_{m2} & \cdots & d_{mm} \end{bmatrix} \tag{6.11}$$

称 $\boldsymbol{D}_m$ 为多传感器数据的置信距离矩阵。

通过 $\boldsymbol{D}_m$ 可以确定任一个传感器测量值 x_i 对另一个传感器测量值 x_j 的相互支持关系。根据经验或多次试验的结果，给定 d_{ij} 一个阈值 ε_{ij}，令

$$r_{ij} = \begin{cases} 1, d_{ij} \leqslant \varepsilon_{ij} \\ 0, d_{ij} > \varepsilon_{ij} \end{cases} \quad (i, j = 1, 2, \cdots, m) \tag{6.12}$$

$$\boldsymbol{R}_m = \begin{bmatrix} r_{11} & r_{12} & \cdots & r_{1m} \\ r_{21} & r_{22} & \cdots & r_{2m} \\ \vdots & \vdots & \ddots & \vdots \\ r_{m1} & r_{m2} & \cdots & r_{mm} \end{bmatrix} \tag{6.13}$$

称 $\boldsymbol{R}_m$ 为多传感器的关系矩阵。

若 $r_{ij} = 0$，则认为第 i 个传感器与第 j 个传感器相融性差，或称它们相互不支持；若 $r_{ij} = 1$，则认为第 i 个传感器与第 j 个传感器相融性好，第 i 个传感器支持第 j 个传感器；若 $r_{ij} = r_{ji} = 1$，则称第 i 个传感器与第 j 个传感器相互支持。也就是说，如果一个传感器被一组传感器所支持，这个传感器的测量值是有效的；如果一个传感器不被其他传感器（或只被少数传感器）所支持，则这个传感器的测量值是无效的，应把该传感器的测量值删除。最后，把所有有效数据的集合称为融合集，融合集中数据的个数称为最佳融合数。

2. Bayes 融合算法

设 m 个传感器测量同一参数所得测量数据中，最佳融合数为 l，且 $l \leqslant m$，融合集为 $X = \{x_1, x_2, \cdots, x_l\}$。

各个测量值的条件概率密度为

$$p(\mu | x_1, x_2, \cdots, x_l) = \frac{p(\mu; x_1, x_2, \cdots, x_l)}{p(; x_1, x_2, \cdots, x_l)} \tag{6.14}$$

式中　μ——测量的均值，服从正态分布 $N(\mu_0, \sigma_0^2)$，且 X_k 服从 $N(\mu, \sigma_k^2)$，并令

$\alpha = \dfrac{1}{p(x_1, x_2, \cdots, x_l)}$，$\alpha$ 是与 μ 无关的常数；

μ_0、σ_0——期望的数学期望值和均方差，故

$$p(\mu | x_1, x_2, \cdots, x_l) = \alpha \prod_{k=1}^{l} \frac{1}{\sqrt{2\pi}\sigma_k} \exp\left\{-\frac{1}{2}\left(\frac{x_k - \mu}{\sigma_k}\right)^2\right\} \frac{1}{\sqrt{2\pi}\sigma_0} \exp\left\{-\frac{1}{2}\left(\frac{\mu - \mu_0}{\sigma_0}\right)^2\right\}$$

$$= \alpha \exp\left\{-\frac{1}{2}\sum_{k=1}^{l}\left(\frac{x_k - \mu}{\sigma_k}\right)^2 - \frac{1}{2}\left(\frac{\mu - \mu_0}{\sigma_0}\right)^2\right\} \tag{6.15}$$

式（6.15）中的指数部分是关于 μ 的二次函数，因此 $p(\mu|x_1,x_2,\cdots,x_l)$ 仍为正态分布，假设服从 $N(\mu_N,\sigma_N^2)$，即

$$p(\mu|x_1,x_2,\cdots,x_l)=\frac{1}{\sqrt{2\pi}\sigma_N}\exp\left\{-\frac{1}{2}\left(\frac{\mu-\mu_N}{\sigma_N}\right)^2\right\} \tag{6.16}$$

比较上面两式参数，得

$$\mu_N=\frac{\displaystyle\sum_{K=1}^{l}\frac{x_k}{\sigma_k^2}+\frac{\mu_0}{\sigma_0^2}}{\displaystyle\sum_{k=1}^{l}\frac{1}{\sigma_k^2}+\frac{1}{\sigma_0^2}} \tag{6.17}$$

因此，μ 的 Bayes 估计为 $\hat{\mu}$，即

$$\hat{\mu}=\int_{\Omega}\mu\,\frac{1}{\sqrt{2\pi}\sigma_N}\exp\left\{-\frac{1}{2}\left(\frac{\mu-\mu_N}{\sigma_N}\right)^2\right\}\mathrm{d}\mu=\mu_N \tag{6.18}$$

$\hat{\mu}$ 即为 μ 的最优融合数据。

3. 数据融合实例分析

不失代表性，以北索塔 $-12\mathrm{m}$ 高程测点实测数据序列为例，该高程共布设混凝土应变计 60 个，限于篇幅，选择上游承台 10 个测点的观测数据序列进行融合计算。由于各传感器品质不同，埋设位置和状态也不完全一致，因此需要对各传感器数据进行关联和匹配。根据已有监测资料可知，环境因素与实测微应变值有一定的相关性，故分别建立各测值与环境因素之间的相关关系，并通过一元回归得到相应的相关系数，再利用 Bayes 融合方法对其进行融合计算。下面以季节性环境因素为例，说明其计算过程，相关系数见表 6.1。

由式（6.4）、式（6.5）计算得距离矩阵 $\boldsymbol{D}_m$，即

$$\boldsymbol{D}_{10}=\begin{bmatrix} 0.000 & 0.622 & 0.161 & 0.162 & 0.080 & 0.148 & 0.092 & 0.368 & 0.082 & 0.165 \\ 0.569 & 0.000 & 0.668 & 0.668 & 0.620 & 0.660 & 0.627 & 0.281 & 0.621 & 0.670 \\ 0.223 & 0.868 & 0.000 & 0.001 & 0.114 & 0.019 & 0.098 & 0.657 & 0.111 & 0.006 \\ 0.159 & 0.714 & 0.001 & 0.000 & 0.082 & 0.014 & 0.070 & 0.498 & 0.079 & 0.003 \\ 0.096 & 0.765 & 0.100 & 0.101 & 0.000 & 0.084 & 0.015 & 0.517 & 0.003 & 0.105 \\ 0.176 & 0.796 & 0.016 & 0.017 & 0.082 & 0.000 & 0.068 & 0.572 & 0.080 & 0.021 \\ 0.136 & 0.861 & 0.104 & 0.105 & 0.018 & 0.085 & 0.000 & 0.622 & 0.014 & 0.110 \\ 0.389 & 0.331 & 0.532 & 0.533 & 0.462 & 0.521 & 0.472 & 0.000 & 0.464 & 0.535 \\ 0.058 & 0.512 & 0.057 & 0.057 & 0.002 & 0.047 & 0.007 & 0.319 & 0.000 & 0.059 \\ 0.095 & 0.467 & 0.002 & 0.002 & 0.050 & 0.010 & 0.043 & 0.306 & 0.048 & 0.000 \end{bmatrix}$$

$$\tag{6.19}$$

计算给定阈值 $\varepsilon_{ij}=0.5$ 的关系矩阵 $\boldsymbol{R}_{10}$ 为

$$\boldsymbol{R}_{10} = \begin{bmatrix} 1 & 0 & 1 & 1 & 1 & 1 & 1 & 1 & 1 & 1 \\ 0 & 1 & 0 & 0 & 0 & 0 & 0 & 1 & 0 & 0 \\ 1 & 0 & 1 & 1 & 1 & 1 & 1 & 0 & 1 & 1 \\ 1 & 0 & 1 & 1 & 1 & 1 & 1 & 1 & 1 & 1 \\ 1 & 0 & 1 & 1 & 1 & 1 & 1 & 0 & 1 & 1 \\ 1 & 0 & 1 & 1 & 1 & 1 & 1 & 0 & 1 & 1 \\ 1 & 1 & 0 & 0 & 0 & 1 & 1 & 1 & 1 & 0 \\ 1 & 0 & 1 & 1 & 1 & 1 & 1 & 1 & 1 & 1 \\ 1 & 1 & 1 & 1 & 1 & 1 & 1 & 1 & 1 & 1 \end{bmatrix} \tag{6.20}$$

表 6.1 相关系数与方差统计表

传感器编号	617	618	2917	2918	3217	3218	3617	3618	6417	6418
相关系数	0.809	0.152	0.961	0.962	0.884	0.949	0.895	0.451	0.886	0.965
方差 σ^2	0.557	0.697	0.289	0.577	0.380	0.393	0.253	0.493	0.321	0.201

关系矩阵中被另一个传感器支持时为 1，否则为 0。故剔除第二个和第八个传感器，从而取被另外 8 个传感器所支持的传感器测量数据为有效数据，最佳融合组数为 8，融合集是 $\{617^{(1)}, 2917^{(3)}, 2918^{(4)}, 3217^{(5)}, 3218^{(6)}, 3617^{(7)}, 6417^{(9)}, 6418^{(10)}\}$。由矩阵估计得

$$\begin{cases} \sigma_0^2 = \dfrac{1}{8} \sum_{k=1}^{8} (x_k - \mu_0)^2 \\ \mu_0 = 1 \end{cases} \tag{6.21}$$

再利用式（6.17）求得被测参数的 Bayes 最优融合数据是 0.9870。其融合后误差方差为 0.010。由此可得出以下结论。

（1）基于 Bayes 的多传感器数据融合方法能增加信息的可信度，减少不必要的信息计算时间，增强算法的容错能力和提高整体整个融合过程的性能；可有效选择最优的传感器和传感器组合，使其与环境进行交互作用以减少目标环境的不确定性，提高识别精度。此外，还可对监测到的数据进行正确的分类，以便能够对其作相应的处理（采用或剔除），最大限度地降低数据的误差。由计算结果可知，使用 Bayes 方法后，剔除 618 和 3618 等"异常"传感器采集的数据，只采用其余传感器采集的数据进行融合，消除了融合前部分数据的矛盾性和不准确性，获得了季节性温度变化与实测微应变值相关性的一致性描述和解释。计算融合后的误差方差为 $\sigma_0^2 = 0.010$（$\hat{\sigma}^2 \leqslant \sigma_i^2$），表明融合后的效果较为理想。可见，这种融合算法方法能增加信息的可信度，减少不必要的信息计算时间，增强算法的容错能力和提高整体整个融合过程的性能。

（2）通过计算可知，融合后的数据消除了传感器采集数据的冗余性。采用 Bayes 方法适当融合后，去除了某些传感器数据的反复无规律现象，可以在总体上降低数据的矛盾性，这是因为每个传感器的误差是不相关的，融合处理后可抑制误差。其实质是一个分布式多传感器融合系统，除具有开放性外，还具有模块性，即任何一个传感器都是作为整个

融合系统的一个模块。一个传感器不受其他单一传感器的限制，形成一个十分松散的结构，一个传感器"插进"系统，或从系统中"拔除"，不至于影响整个系统的正常工作，即使某一传感器"病了"，也不会将"病"传染给其他传感器乃至整个系统。这种分布式多传感器融合方法，可以从技术上保证整个系统可大可小。可见，基于 Bayes 的多传感器数据融合方法融合后的数据较为理想，消除了融合前数据的矛盾性和不准确性，获得了被测对象的一致性描述和解释。

照此，采用 Bayes 估计融合算法对各个环境因素的影响程度分别进行最优融合，以获取对被测对象的一致性描述和分析。

6.1.2　潮位因素的影响

苏通大桥主塔墩群桩基础承台采用变厚度梯形截面，平面尺寸为 $113.75\text{m} \times 48.1\text{m}$，厚度为 $5.000 \sim 13.324\text{m}$，底标高（封底混凝土底标高）为 -10.0m，顶标高为 5.6m。由于桥位区平均高潮位为 1.817m，故承台主体位于潮位涨跌范围之内。由于承台平面面积达 5603m^2，故每米潮差将对其产生 56.02MN 的浮力波动。而桥位区潮位每日两涨两落，平均潮差 2.07m（最大潮差为 4m），将产生 102.684MN（最大达 224.084MN）的浮力变化。因此，涨落潮所引起的浮力变化是影响群桩基础原因量与响应量之间关系的主要因素之一。

为了建立测点微应变测值与潮位之间的对应关系，需选择施工工况简单（如成桥后）、测值受其他因素影响较小（如无风的阴天）时段的实时观测数据序列。经过对比，选取北索塔 -12m 高程断面各代表性测点从 2008 年 4 月 4 日 0：00 到 5 日 23：00 期间共 48 次等间隔连续采集数据（如图 6.1 所示，限于篇幅，图中测点为上游承台区域的 7 个基桩轴力代表性测点，S1～S7 为测点编号），该数据序列取自监测桩施工完成的 2004 年 4 月 25 日到大桥通车运营后的 2008 年 7 月 18 日期间的施工全过程的完整数据序列。作为分析依据，Bayes 融合决策判别结果见表 6.2。

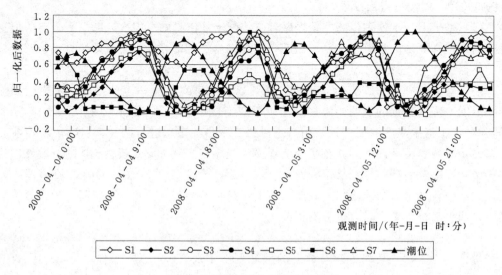

图 6.1　实测序列与潮位对应关系

表 6.2 测点线性回归相关性检验汇总表

环境因素	R^2	R	n	F	R 临界值	$F^{0.05}(1, n-2)$	显著性
潮位	0.6213	0.7882	48	36	0.289	4.04	显著
季节性温度	0.9888	0.9944	24	4078	0.404	4.30	高度显著
日照辐射	0.3650	0.6042	48	13	0.289	4.04	显著

表 6.2 中结果显示，北索塔群桩基础－12m 高程断面各测点测值与序列潮位的相关性显著，说明潮位变化是影响群桩基础受力特性的主要因素之一。同理，可对群桩基础不同高程断面的各测点测值进行潮位显著性分析，以确定潮位对不同高程断面基桩轴力的影响程度。

6.1.3 温度因素的影响

针对苏通大桥高耸索塔及其群桩基础的结构特点，把由气象因素引起的温度变化分为两种类型：一类是以年为变化周期的季节性温度变化；另一类是以日为周期的昼夜温度变化。前者在索塔及其群桩基础中呈均匀分布，其影响主要表现为使群桩基础热胀冷缩而产生整体变形，呈现周期性的异常过程；后者在桥梁上部结构（包括索塔和钢箱梁）内是非均匀分布的，其影响主要表现为使索塔产生倾斜变形，而导致群桩基础的应力分布产生变化。通常，气温的昼夜变化对群桩基础的温度场几乎没有影响。

为了建立测点微应变测值与季节性温度变化的对应关系，需选择长期观测数据序列。故选取北索塔－12m 高程断面各代表性测点从 2005 年 1 月 26 日到 2007 年 12 月期间的 24 次等间隔连续采集基桩轴力数据及相应的温度监测资料作为分析依据（如图 6.2 所示，图中测点编号与图 6.1 中的一致），Bayes 融合决策判别结果见表 6.2。

结合表 6.2，并根据图 6.2 可以看出，群桩基础－12m 高程断面各测点测值与季节性温度变化的相关性高度显著，因此可以认为该因素对群桩基础受力特性的影响程度较大。

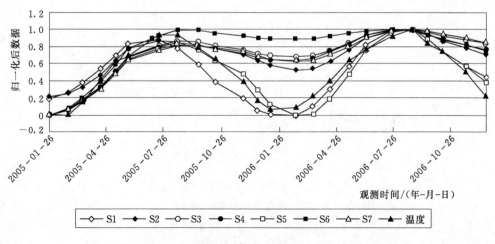

图 6.2 实测序列与季节性温度对应关系

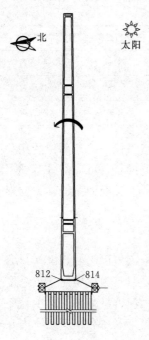

图 6.3　日照辐射引起的索塔倾斜

已有研究表明[215]，昼夜的气温变化虽然不能使位于水下的桩身混凝土的温度产生明显的变化。但是日照的方向性辐射却能使高耸索塔产生倾斜变形，而这种周期性的倾斜变形产生的应力响应最终又通过承台传递到基础之上，致使基础叠加了昼夜周期性温度效应。苏通大桥索塔高 300.4m，为钢筋混凝土薄壁结构，向阳面的混凝土温度比背阳面混凝土温度高，这种温差的存在必然导致向阳面的混凝土产生膨胀，从而使索塔产生指向背阳面的倾斜变形（图 6.3）。索塔的倾斜变形将使背阳面的承台受压趋势增强，而向阳侧的承台受压趋势减弱。

为了建立测点微应变值与日照辐射的对应关系，选择工况简单、天气晴好且温差较大时段的实时观测序列。经过对比，选取北索塔－12m 高程断面各代表性测点从 2008 年 4 月 24 日 0：00 到 4 月 25 日 10：00 期间共 35 次等间隔连续采集基桩轴力数据作为分析依据。它同样取自 2004 年 4 月 25 日（监测桩施工完成）到 2008 年 7 月 18 日（通车运营后）期间的完整观测数据（如图 6.4 所示，图中测点 N1～N3 代表南通侧边桩测点、S1～S4 代表苏州侧边桩测点）。Bayes 融合决策判别结果见表 6.2。图中显示，群桩基础－12m 断面各测点与日照辐射的相关性相对较差，其显著性不如其他两个因素。

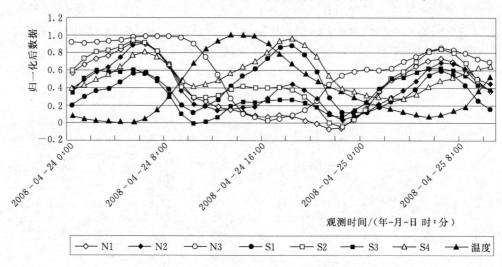

图 6.4　实测序列与日照辐射对应关系

图 6.5 所示为 2008 年 1 月 24 日实测的索塔 80.1m 高程处的混凝土温度过程线。图中 tmpc222 为向阳面的测点（距索塔混凝土外壁 30cm），tmpc216 为背阳面的测点（距索塔混凝土外壁 30cm）。由图可见，虽然测点与混凝土外壁的距离达 30cm，但向阳面的塔壁混凝土温度受日照辐射的影响仍然明显高于背阳面，从 9：00 左右开始，向阳面的塔壁混凝土温度实测值（tmpc222 测点）开始持续升高，到 18：00 左右达到最高值，其最大

温升为 3.8℃。而背阳面的 tmpc216 测点的最大温升仅 1.5℃。这种温差的变化将导致索塔倾斜，使承台南侧受压趋势减弱，而北侧的受压趋势持续增强。图 6.6 所示为相同时段索塔根部混凝土应变测点的实测应变过程线（图中 814 测点位于索塔向阳侧，812 测点位于索塔背阳侧，两个测点均位于塔壁 1/2 厚度处），由图可知，位于向阳侧的 814 测点，从 8：00 开始，测点呈现受拉趋势而使压应变逐渐减小，到 15：00 压应变达到最小值。而位于背阳侧的 812 测点则具有相反的变化规律。814 和 812 测点的这种变化规律进一步说明了随着日照辐射的影响，索塔产生的倾斜变形。

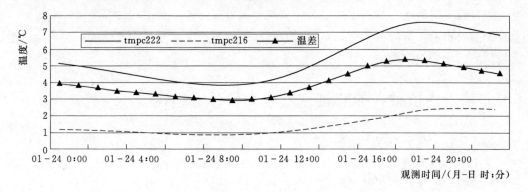

图 6.5　索塔 80.1m 处混凝土温度过程线

群桩基础的作用是将承台以上结构物传来的所有外力通过承台，由基桩传递到较深的地基持力层中。而在图 6.4 中，却不能看出索塔倾斜引起的桩身应力应变响应规律。显然，用传统的回归分析法已不能分离出索塔倾斜对群桩基础受力特性的影响。图 6.4 中的桩身应力应变响应明显叠加了索塔倾斜、风、残差和其他一些因素的影响。

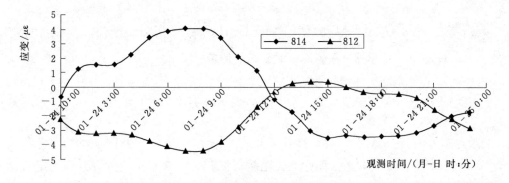

图 6.6　索塔根部实测应变过程线

6.1.4　其他不确定因素的影响

事实上，除了潮位和温度变化引起的结构响应之外，风荷载及波浪、潮汐流、台风等不确定性因素均会对群桩基础受力产生影响。然而，目前已有的资料和研究水平还做不到逐项分析。因此，可将其归为不确定因素一并考虑剥离。

通过表 6.2 可以获取显著性的判别标准。

（1）$R > R'$，$F > F^\alpha(n_1, n_2)$，且 $R \geqslant 0.8$，为高度显著。

（2）$R > R'$，$F > F^\alpha(n_1, n_2)$，且 $0.5 \leqslant R < 0.8$，为显著。

（3）$R > R'$，$F > F^\alpha(n_1, n_2)$，且 $0.3 \leqslant R < 0.5$，为略显著。

（4）$R > R'$，但 $F < F^\alpha(n_1, n_2)$ 或 $R < R'$，但 $F > F^\alpha(n_1, n_2)$；或 $R > R'$，$F > F^\alpha(n_1, n_2)$，但 $R < 0.3$，为不太显著。

（5）$R > R'$，$F < F^\alpha(n_1, n_2)$，为不显著。

式中，n_1 为第一自由度；n_2 为第二自由度。

通过以上显著性分析，得到了各主要环境因素对超大型深水群桩基础的影响程度，因此在下节分析前，可根据其结果对实测数据序列进行小波多尺度滤波消噪，为下一步的融合提供较为精确的数据源。

6.2　基于估值融合的群桩基础受力特性分析

如前所述，超大型深水群桩基础的传力机理异常复杂，传感器布设时既要考虑监测目的，又要考虑安装位置及安装的难易程度。为了保证监控系统能够正常工作，传感器的冗余非常必要。然而，传感器采集的冗余数据会引起数据的不一致性甚至是矛盾性。为了消除这种矛盾，获得群桩基础真实的受力特性，使融合后的数据更为理想。受传感器个数所限，估值理论因其简单直观，且能保持尽可能多的现场数据而在此采用，其关键在于权值的确定。

6.2.1　基于最优分配原则的估值方法

假设有 m 个传感器对同一目标进行测量（假设在统一的目标状态向量下），其观测方程为

$$x_i(k) = \theta(k) + e_i(k) \quad (k=1,2,\cdots,n; i=1,2,\cdots,m) \tag{6.22}$$

式中　$x_i(k) \in R^1$——传感器 i 在第 k 个时刻的观测值；

　　　　$\theta(k) \in R^1$——待估计的目标状态；

　　　　$e_i(k) \in R^1$——传感器 i 在第 k 个时刻的观测噪声，通常被认为是一个 1 级高斯白噪声。

利用传感器的测量结果 $x_i(k)$ 进行估值，其融合过程就是设计一个融合函数 $y = f(x_1, x_2, \cdots, x_m)$，使得 y 和 θ 在统计意义上尽可能相近，常采用均方误差作为融合结果的评判标准。

事实上，对测量结果的最优线性无偏估计就是要将 m 个传感器测得的数据分别乘以一定的权重系数后相加，其和即为数据融合的结果。融合方程可表示为

$$y = \sum_{i=1}^{m} \omega_i x_i \quad (i=1,2,\cdots,m) \tag{6.23}$$

式中　ω_i——每个传感器分配的权重系数，且 $\sum_{i=1}^{m} \omega_i = 1$。

采用估值法进行数据融合，权值的分配非常关键。因此，在总 MSE 最小这一限制条件下，采用基于权的最优分配原则合理分配权值，可以有效提高系统的精度和可靠性。

由于每个传感器自身精度不同、埋设状态不同、受到干扰的程度也不同，所以其偏离真实值的程度也不相同。因此，对每一个传感器根据一定的原则赋予权值。也就是说，对于可信度高的测量值，赋予较大的权值；对于可信度低的测量值则赋予较小的权值。这样就可以使估计值更精确地描述原数据信号。

设 m 个传感器在某测次的测值为 $x_1, x_2, \cdots, x_m$，权值分别为 $\omega_1, \omega_2, \cdots, \omega_m$，则所有 m 个传感器输出数据的融合结果为

$$\boldsymbol{y} = \boldsymbol{WX} = [\omega_1, \omega_2, \cdots, \omega_m][x_1, x_2, \cdots, x_m]^{\mathrm{T}} \tag{6.24}$$

用向量形式表示为

$$\boldsymbol{W} = [\omega_1, \omega_2, \cdots, \omega_m], \quad \boldsymbol{X} = [x_1, x_2, \cdots, x_m] \tag{6.25}$$

式中　$\boldsymbol{W}$——权向量；

$\boldsymbol{X}$——输出向量。

由于 x_i 服从正态分布 $N(\mu_1, \sigma_1^2)$，则 $z_i = (X_i - \mu_i)/\sigma_i$ 服从标准正态分布 $N(0, 1)$，那么多元随机向量 $\boldsymbol{Z}$ 经过以下变换后就成为标准正态分布随机向量，即

$$\boldsymbol{Z} = \boldsymbol{A}(\boldsymbol{X} - \boldsymbol{U}) \tag{6.26}$$

其中

$$\boldsymbol{Z} = [z_1, z_2, \cdots, z_m]$$

$$\boldsymbol{A} = \mathrm{diag}\left[\frac{1}{\sigma_1}, \frac{1}{\sigma_2}, \cdots, \frac{1}{\sigma_m}\right]$$

$$\boldsymbol{U} = [\mu_1, \mu_2, \cdots, \mu_m]$$

由式（6.26）得

$$\boldsymbol{X} = \boldsymbol{A}^{-1}\boldsymbol{Z} + \boldsymbol{U} \tag{6.27}$$

将式（6.27）代入式（6.24）得

$$\boldsymbol{y} = \boldsymbol{W}(\boldsymbol{A}^{-1}\boldsymbol{Z} + \boldsymbol{U}) = \boldsymbol{WU} + \boldsymbol{WA}^{-1}\boldsymbol{Z} \tag{6.28}$$

由多元统计理论可知 $\boldsymbol{y}$ 的分布密度函数为

$$f(\boldsymbol{y}) = (2\pi)^{\frac{m}{2}}|\boldsymbol{WA}^{-1}(\boldsymbol{A}^{-1})'\boldsymbol{W}'|\exp\left\{\frac{1}{2}(\boldsymbol{y} - \boldsymbol{WU})[\boldsymbol{WA}^{-1}(\boldsymbol{A}^{-1})'\boldsymbol{W}'](\boldsymbol{y} - \boldsymbol{WU})'\right\}$$

$$= (2\pi)^{-\frac{m}{2}}\left|\sum_{i=1}^{m}\omega_i^2\sigma_i^2\right|\exp\left\{-\frac{1}{2}\sum_{i=1}^{m}\omega_i^2\sigma_i^2\left(y - \sum_{i=1}^{m}\omega_i\mu_i\right)^2\right\} \tag{6.29}$$

该函数服从正态分布 $N\left(\sum_{i=1}^{n}\omega_i\mu_i, \sum_{i=1}^{n}\omega_i^2\sigma_i^2\right)$。表明融合后所得输出 $\boldsymbol{y}$ 的期望值为各个传感器期望值的加权平均，其精度为

$$\sigma_y = \sqrt{\sum_{i=1}^{m}\omega_i^2\sigma_i^2} \tag{6.30}$$

显然，在 $\sigma_i(i=1,2,\cdots,m)$ 一定的前提下，精度与权值 $\omega_i(i=1,2,\cdots,n)$ 的分配密切相关。为了使 $\boldsymbol{y}$ 的精度达到最高，σ_y 的值应该达到最小。此时，问题就归结为求条件极

值的问题，即 $\sum\limits_{i=1}^{m} \omega_i = 1$ （$\omega_i \geqslant 0$，$i=1,2,\cdots,m$），$\sigma_i (i=1,2,\cdots,m)$ 是已知数，求在

$\omega_i (i=1,2,\cdots,m)$ 满足什么条件时函数 $F(\omega_1,\omega_2,\cdots,\omega_m) = \sum\limits_{i=1}^{m} \omega_i^2 \sigma_i^2$ 的值最小。这是一个约

束条件为等式的多变量条件极值问题，可用拉格朗日乘数法求解。由此得：当 $\omega_i =$

$\left(\sigma_i^2 \sum\limits_{i=1}^{m} \dfrac{1}{\sigma_i^2} \right)^{-1}$ 时，多个传感器数据融合后可达到最高精度，即

$$\sigma_y = \sqrt{\sum_{i=1}^{m} \omega_i^2 \sigma_i^2} = \frac{1}{\sqrt{\sum\limits_{i=1}^{m} \dfrac{1}{\sigma_i^2}}} \qquad (6.31)$$

假如几个传感器的精度不同，最低精度与最高精度的均方根分别为 $\omega_{\min}$ 和 $\omega_{\max}$，则由式（6.31）得

$$\sigma_y = \frac{1}{\sqrt{\dfrac{1}{\sigma_{\max}^2} + \dfrac{1}{\sigma_{\min}^2} + \sum\limits_{i=1}^{m-2} \dfrac{1}{\sigma_i^2}}} \leqslant \frac{1}{\sqrt{\dfrac{1}{\sigma_{\max}^2} + \sum\limits_{i=1}^{m-2} \dfrac{1}{\sigma_i^2}}} \qquad (6.32)$$

式（6.32）表明，采用权的最优分配方法后，精度再差的传感器参与数据融合后都有利于提高测量的精度。而采用其他方法进行信息融合时，一个精度很差的传感器有可能使得融合结果的精度变差。这一点具有非常重要的使用价值。

6.2.2　桩顶轴力分布特性分析

苏通大桥北索塔主塔墩桩顶轴力监测系统由 30 根监测桩组成，包括上游承台的 1 号、3 号、6 号、7 号、14 号、29 号、44 号、59 号、61 号和 64 号边桩、承台内部的 17 号、30 号、32 号、34 号、47 号桩、临近系梁区的 36 号桩和下游承台的 65 号、77 号、68 号、100 号、122 号、126 号、124 号和 128 号边桩、承台内部的 75 号、82 号、95 号、99 号、104 号和 112 号桩。每根桩顶轴力监测断面的高程均为 $-12\mathrm{m}$，且均布置钢筋应力计和混凝土应变计各两套，监测桩的平面分布如图 6.7 所示。

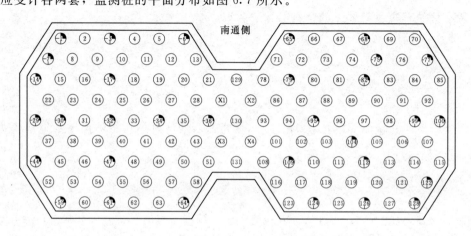

图 6.7　北塔墩桩顶轴力监测断面平面布置

　　分析数据取自 2005 年 1 月 25 日到 2008 年 7 月 23 日期间不同工况下的测量结果，涉及的工况有承台浇筑、索塔（包括下横梁）浇筑、钢锚箱吊装、钢箱梁吊装、桥面铺装、动静载试验和正式通车运营。

　　在进行多传感器数据融合时，首要工作就是把不同传感器的实测数据在时间、空间和量纲上进行配准和关联；其次按照 4.5 节所述小波多尺度滤波技术对观测数据序列进行分层滤波以剥离各种干扰因素对群桩基础应力响应的影响；再对剥离各类噪声的有效数据按式（6.24）进行基于权最优分配原则的数据融合；最后根据应变协调理论计算各桩桩顶轴力，从而分析不同基桩桩顶轴力的分布和变化规律。

　　图 6.8 是承台横桥向中轴线上各桩在不同工况下的桩顶轴力分布。图中显示，从承台浇筑后到通车运营后，总体来说中心桩的轴力大于边桩，而且从承台浇筑到通车运营，随着工程荷载的增加，轴力呈整体上升趋势。但在施工前期的承台和索塔浇筑过程中（此时，作用于基桩的恒载约 1980MN，占总恒载的 85.7%），中心桩分摊的荷载远大于边桩，而到施工后期的钢箱梁吊装和桥面铺装期间，边桩分摊的荷载逐渐增大，桩顶轴力在平面上的分布趋于均匀。而工程前期的研究（包括大型离心模型试验和三维土工有限元分析）结果表明，由于群桩效应，边桩桩顶轴力是中心桩的 4 倍。

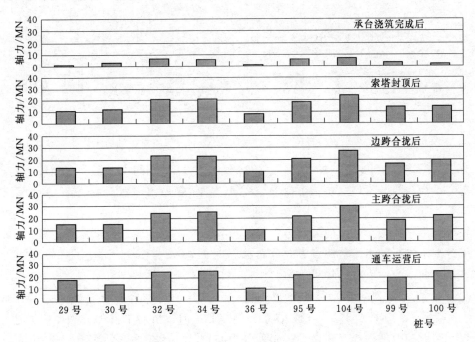

图 6.8　承台横桥向中轴线上各桩在不同工况下的桩顶轴力分布

　　图 6.9 和图 6.10 分别是上、下游承台纵桥向各桩在不同工况下的桩顶轴力分布，图示结果给出的桩顶轴力分布特征和增长规律与图 6.8 相呼应。

6.2.3　桩身轴力分布特性分析

　　苏通大桥北索塔群桩基础的基桩轴力监测系统由 10 根监测桩组成，监测桩的分布如

图 6.7 所示，即上游承台的 1 号、29 号、64 号边桩和 32 号中心桩，邻近系梁区的 36 号桩和下游承台的 77 号、100 号、122 号、126 号边桩和 104 号中心桩，各监测桩均布置 8 个监测断面，断面高程分别为 −12.0m、−25.0m、−30.0m、−45.0m、−55.0m、−75.0m、−95.0m 和 −124.0m，其中对于受力条件较为简单的第①、第⑥和第⑦断面（断面编号自上而下），每断面布置混凝土应变计两套，钢筋应力计两套，对于第②、第③、第④和第⑤断面均布置混凝土应变计两套、钢筋应力计四套，而桩底断面布置顶出式压力盒和混凝土应变计各两套。

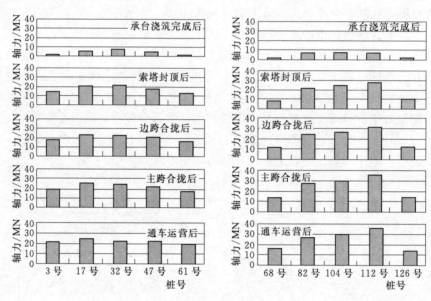

图 6.9　上游承台纵桥向桩顶轴力分布　　图 6.10　下游承台纵桥向桩顶轴力分布

分析数据取自 2005 年 1 月 25 日到 2008 年 7 月 23 日期间不同工况的测量结果，涉及的工况有承台浇筑、索塔（包括下横梁）浇筑、钢锚箱吊装、钢箱梁吊装、桥面铺装、动静载试验、2008 年暴雪和正式通车运营期间。

按照如上桩顶轴力数据的处理过程对桩身各断面应力应变进行融合并计算，得到不同工况下各基桩桩身轴力沿桩深度方向分布如图 6.11 所示。图中，浅色曲线为边桩的轴力分布，黑色曲线为中心桩的轴力分布。

从图 6.11 中可以看出，基桩位置不同，其桩身轴力的分布存在较大差异。周边桩（29 号、77 号、100 号及 122 号桩）在承台浇筑完成时，桩身下部的桩侧摩阻力还没有得到发挥，因此轴力沿深度逐渐增大；而承台中心桩（32 号、36 号及 104 号桩）的桩侧摩阻力已经逐渐发挥作用，致使中心桩轴力较大。

6.2.4　桩侧摩阻力及桩端反力分布特性分析

图 6.12 所示为承台横桥向中轴线 5 根基桩的桩侧摩阻力随时间变化的柱状图。从图中摩阻力对比情况来看，除了系梁区的 36 号桩外，其他各桩的桩侧摩阻力基本上都是随时间（荷载的增大）而呈上升趋势。其中，中心桩（32 号和 104 号桩）的桩侧摩阻力发挥比较大，而边桩摩阻力比较小。

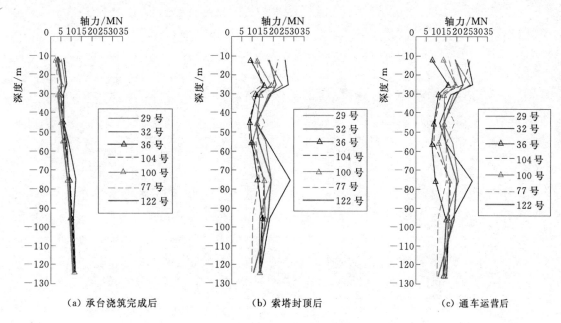

（a）承台浇筑完成后　　　　（b）索塔封顶后　　　　（c）通车运营后

图 6.11　各基桩沿桩深度方向的轴力分布

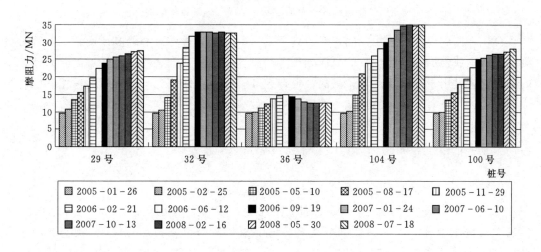

图 6.12　不同工况下北塔墩承台横桥向中轴线上各桩桩侧摩阻力柱状图

图 6.13 给出了承台横桥向中轴线上的 5 根桩的桩端阻力值分布和增长过程。从图中可以看出，随着荷载的增大，各桩桩端阻力均不断增大且分布较均匀。但总体而言，桩端反力普遍偏小，群桩基础的承载力具有较大的安全储备。

以上实例融合后的误差方差均满足 $\hat{\sigma}^2 \leqslant \sigma_i^2$，表明采用最优估值算法融合后的数据消除了融合前数据的矛盾性和不准确性，获得了被测对象的一致性描述和解释。与已有研究[230,231]对比，可以获得分析时段内群桩基础更为合理的变形机理。

事实说明，数据的不一致性，可能是由于传感器采集的数据存在冗余引起的。冗余性容易导致数据的矛盾性，而数据融合可以在总体上降低数据的不确定性和矛盾性，这是因

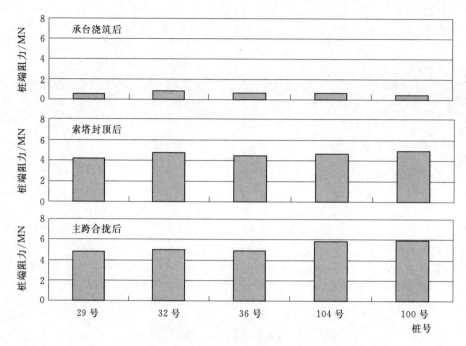

图 6.13　北塔墩承台中轴线不同工况下各基桩桩端阻力图

为每个传感器的误差是不相关的，融合处理后可明显抑制误差，消除其矛盾性，获得对被测对象的一致性描述。融合后的数据处于各传感器采集的数据之间，且接近误差方差较小的测值，这是由于不同传感器采集的数据存在互补性。由此可见，融合后数据比其他各组成部分的子集具有更优越的性能，即融合后的效果更加理想。

6.3　基于模糊聚类分析的多传感器融合分区

大型工程的传感器系统往往十分庞大，如瑞典的 Gotaalvbron 安装了 7000 多个传感器，苏通大桥主塔墩基础共布置了各种传感器近 1500 套。这样庞大的传感器系统所产生的数据量也十分庞大，给数据分析和安全评价带来了非常大的困难。事实上，在安全监控的传感器系统中，各个测点并不孤立，彼此之间存在着密切联系，并且这种联系具有明显的区域性。因此，可将测点进行分区，通过分区不仅可以提高数据分析的效率，而且在进行安全评价时，具有明显相关性的测点只需要考虑其中具有代表性的测点就可以，这样就大大减少了工作量，使得安全评价可以及时进行。聚类分析[232]就是能反映事物内在联系，提取多传感器共有特征，对监测网进行分区，并通过由片及面、由面及网的思路来评价桥梁基础的安全性，使分析工作杂而不乱，提高工作效率的数据融合方法。

6.3.1　聚类分析数据融合技术

聚类分析方法包括划分法、层次法、密度法、模糊聚类法等[233]。其中模糊聚类的方法也有多种[234]，在此以模糊聚类法为例阐述如何利用聚类分析数据融合技术对桩顶轴力监测子系统进行分区。

对桩顶轴力监测子系统进行分区的步骤如下。

（1）以所有参加分类的基桩作为一个样本集 $X=\{x_1,x_2,\cdots,x_n\}$，以每个元素的 m 个测次作为分类依据。若以向量表示，则可表示为 $X=\{x_{i1},x_{i2},\cdots,x_{im}\}$。此处 x_{ij} 表示第 i 个元素的第 j 个统计指标。

（2）构建模糊相似矩阵。构建模糊相似矩阵的方法很多，常见的有夹角余弦法、相关系数法、非参数法等[235]。因考虑所构建的广角度安全监控系统考虑了不同区域内部的关联程度，故选择相关系数法构建模糊相似矩阵。相关系数计算见公式（6.33），即

$$r_{ij}=\frac{\sum_{i=1}^{n}(x_{ik}-\overline{x}_i)(x_{jk}-\overline{x}_j)}{\sqrt{\sum_{k=1}^{m}(x_{ik}-\overline{x}_i)}\sqrt{\sum_{k=1}^{m}(x_{jk}-\overline{x}_j)}} \tag{6.33}$$

式中　$\overline{x}_i$——第 i 个指标的样本均值；

　　　$\overline{x}_j$——第 j 个指标的样本均值。

（3）相似矩阵的聚类融合。常用的聚合方法有两种，即直接聚类法和传递包法。采用传递包法，并采用 C♯ 语言编写程序直接寻找 $\phi(R)$ 使得 $R^{2k}=R^k$，其中 $\phi(R)$ 为传递包，R 为相似矩阵。人工设定 λ 截距，通过程序可求得不同 λ 下的 λ 矩阵，从而得出聚类结果[236-238]。

6.3.2　桩顶轴力监测系统传感器分区

苏通大桥桩基呈哑铃形布置，而承台则采用变厚度梯形截面、哑铃形承台，横桥向边长为 113.75m，纵桥向边长为 48.10m，厚度为 5.0～13.3m（如包含封底混凝土，厚度为 8.0～16.3m），如图 6.14 所示，其中西半幅基桩编号如图 6.15 所示。

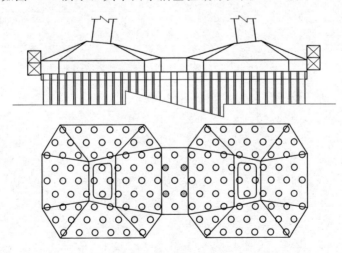

图 6.14　苏通大桥主塔墩承台平面示意图

由于苏通大桥主塔墩基础在下塔柱施工和中上塔柱施工的荷载状态是有区别的（下塔柱施工时会在塔根处作用一弯矩），故应分别对下塔柱施工期和中上塔柱施工期的实测轴力进行聚类分析，在此仅用北索塔西半幅基础的桩顶实测轴力为例进行分析。

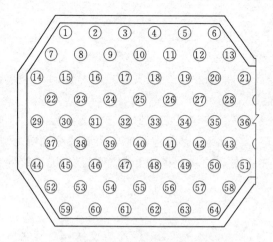

图 6.15　承台基桩编号

下塔柱施工期间一段时间内不同桩的桩顶实测轴力以图形给出，如图 6.16 所示。

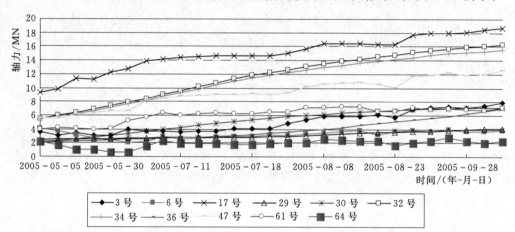

图 6.16　下塔柱施工期间的桩顶轴力实测曲线

通过图 6.16 所获数据建立的 $\boldsymbol{R}$ 及 $\varphi(\boldsymbol{R})$ 分别为

$$\boldsymbol{R}=\begin{bmatrix} 1 & 0.677 & 0.896 & 0.977 & 0.899 & 0.920 & 0.917 & 0.976 & 0.922 & 0.755 & 0.640 \\ 0.677 & 1 & 0.411 & 0.631 & 0.524 & 0.546 & 0.542 & 0.640 & 0.522 & 0.389 & 0.677 \\ 0.896 & 0.411 & 1 & 0.911 & 0.966 & 0.969 & 0.969 & 0.904 & 0.986 & 0.915 & 0.618 \\ 0.977 & 0.631 & 0.911 & 1 & 0.905 & 0.928 & 0.924 & 0.996 & 0.925 & 0.739 & 0.587 \\ 0.899 & 0.524 & 0.966 & 0.905 & 1 & 0.998 & 0.999 & 0.901 & 0.973 & 0.918 & 0.667 \\ 0.920 & 0.546 & 0.969 & 0.928 & 0.998 & 1 & 1.000 & 0.925 & 0.978 & 0.903 & 0.663 \\ 0.917 & 0.542 & 0.969 & 0.924 & 0.999 & 1.000 & 1 & 0.921 & 0..977 & 0.905 & 0.664 \\ 0.976 & 0.640 & 0.904 & 0.996 & 0.901 & 0.925 & 0.921 & 1 & 0.921 & 0.725 & 0.581 \\ 0.922 & 0.522 & 0.986 & 0.925 & 0.973 & 0.978 & 0.977 & 0.921 & 1 & 0.916 & 0.712 \\ 0.755 & 0.389 & 0.915 & 0.739 & 0.918 & 0.905 & 0.905 & 0.725 & 0.916 & 1 & 0.741 \\ 0.640 & 0.667 & 0.618 & 0.587 & 0.667 & 0.663 & 0.664 & 0.581 & 0.712 & 0.741 & 1 \end{bmatrix}$$

$$\varphi(\mathbf{R})=\begin{bmatrix} 1 & 0.677 & 0.928 & 0.977 & 0.928 & 0.928 & 0.928 & 0.977 & 0.928 & 0.918 & 0.741 \\ 0.677 & 1 & 0.677 & 0.677 & 0.677 & 0.677 & 0.677 & 0.677 & 0.677 & 0.677 & 0.677 \\ 0.928 & 0.677 & 1 & 0.928 & 0.978 & 0.978 & 0.978 & 0.928 & 0.986 & 0.918 & 0.741 \\ 0.977 & 0.677 & 0.928 & 1 & 0.928 & 0.928 & 0.928 & 0.996 & 0.928 & 0.918 & 0.741 \\ 0.928 & 0.677 & 0.978 & 0.928 & 1 & 0.999 & 0.999 & 0.928 & 0.978 & 0.918 & 0.741 \\ 0.928 & 0.677 & 0.978 & 0.928 & 0.999 & 1 & 1.000 & 0.928 & 0.978 & 0.918 & 0.741 \\ 0.928 & 0.677 & 0.978 & 0.928 & 0.999 & 1.000 & 1 & 0.928 & 0.978 & 0.918 & 0.741 \\ 0.977 & 0.677 & 0.928 & 0.996 & 0.928 & 0.928 & 0.928 & 1 & 0.928 & 0.918 & 0.741 \\ 0.928 & 0.677 & 0.986 & 0.928 & 0.978 & 0.978 & 0.978 & 0.928 & 1 & 0.918 & 0.741 \\ 0.918 & 0.677 & 0.918 & 0.918 & 0.918 & 0.918 & 0.918 & 0.918 & 0.918 & 1 & 0.741 \\ 0.741 & 0.677 & 0.741 & 0.741 & 0.741 & 0.741 & 0.741 & 0.741 & 0.741 & 0.741 & 1 \end{bmatrix}$$

取 $\lambda=0.741$，分类结果为 {3 号,17 号,29 号,30 号,32 号,34 号,36 号,47 号,61 号,64 号}，{6 号}；取 $\lambda=0.928$，分类结果为 {3 号,17 号,29 号,30 号,32 号,34 号,36 号,47 号}，{6 号}，{61 号}，{64 号}；取 $\lambda=0.978$，分类结果为 {17 号,30 号,32 号,34 号,47 号}，{3 号}，{6 号}，{61 号}，{64 号}；取 $\lambda=0.986$，分类结果为 {17 号,47 号}，{29 号,36 号}，{30 号，32 号，34 号}，{3 号}，{6 号}，{61 号}，{64 号}。

对于中上塔柱施工，通过一段时间的实测数据建立的 $\mathbf{R}$ 及 $\varphi(\mathbf{R})$ 分别为

$$\mathbf{R}=\begin{bmatrix} 1 & 0.812 & 0.950 & 0.949 & 0.869 & 0.819 & 0.892 & 0.734 & 0.889 & 0.933 & 0.873 \\ 0.812 & 1 & 0.661 & 0.888 & 0.678 & 0.609 & 0.724 & 0.478 & 0.551 & 0.863 & 0.968 \\ 0.950 & 0.661 & 1 & 0.913 & 0.940 & 0.919 & 0.948 & 0.863 & 0.978 & 0.805 & 0.741 \\ 0.949 & 0.888 & 0.913 & 1 & 0.922 & 0.877 & 0.947 & 0.780 & 0.848 & 0.876 & 0.917 \\ 0.869 & 0.678 & 0.940 & 0.922 & 1 & 0.992 & 0.995 & 0.958 & 0.938 & 0.680 & 0.742 \\ 0.819 & 0.609 & 0.919 & 0.877 & 0.992 & 1 & 0.984 & 0.974 & 0.937 & 0.604 & 0.674 \\ 0.892 & 0.724 & 0.948 & 0.947 & 0.995 & 0.984 & 1 & 0.928 & 0.937 & 0.723 & 0.778 \\ 0.734 & 0.478 & 0.863 & 0.780 & 0.958 & 0.974 & 0.928 & 1 & 0.899 & 0.479 & 0.560 \\ 0.889 & 0.551 & 0.978 & 0.848 & 0.938 & 0.937 & 0.937 & 0.899 & 1 & 0.702 & 0.641 \\ 0.933 & 0.863 & 0.805 & 0.876 & 0.680 & 0.604 & 0.723 & 0.479 & 0.702 & 1 & 0.903 \\ 0.873 & 0.968 & 0.741 & 0.917 & 0.742 & 0.674 & 0.778 & 0.560 & 0.641 & 0.903 & 1 \end{bmatrix}$$

$$\varphi(\mathbf{R})=\begin{bmatrix} 1 & 0.917 & 0.950 & 0.949 & 0.948 & 0.948 & 0.948 & 0.948 & 0.950 & 0.933 & 0.917 \\ 0.917 & 1 & 0.917 & 0.917 & 0.917 & 0.917 & 0.917 & 0.917 & 0.917 & 0.917 & 0.968 \\ 0.950 & 0.917 & 1 & 0.949 & 0.948 & 0.948 & 0.948 & 0.948 & 0.978 & 0.933 & 0.917 \\ 0.949 & 0.917 & 0.949 & 1 & 0.948 & 0.948 & 0.948 & 0.948 & 0.949 & 0.933 & 0.917 \\ 0.948 & 0.917 & 0.948 & 0.948 & 1 & 0.992 & 0.995 & 0.974 & 0.948 & 0.933 & 0.917 \\ 0.948 & 0.917 & 0.948 & 0.948 & 0.992 & 1 & 0.992 & 0.974 & 0.948 & 0.933 & 0.917 \\ 0.948 & 0.917 & 0.948 & 0.948 & 0.995 & 0.992 & 1 & 0.974 & 0.947 & 0.933 & 0.917 \\ 0.948 & 0.917 & 0.948 & 0.948 & 0.974 & 0.974 & 0.974 & 1 & 0.948 & 0.933 & 0.917 \\ 0.950 & 0.917 & 0.978 & 0.949 & 0.948 & 0.948 & 0.948 & 0.948 & 1 & 0.933 & 0.917 \\ 0.933 & 0.917 & 0.933 & 0.933 & 0.933 & 0.933 & 0.933 & 0.933 & 0.933 & 1 & 0.917 \\ 0.917 & 0.968 & 0.917 & 0.917 & 0.917 & 0.917 & 0.917 & 0.917 & 0.917 & 0.917 & 1 \end{bmatrix}$$

取 $\lambda=0.933$，分类结果为 {3 号，17 号，29 号，30 号，32 号，34 号，36 号，47 号，61 号}，{6 号，64 号}；取 $\lambda=0.933$；取 $\lambda=0.948$，分类结果为 {3 号，17 号，29 号，30 号，32 号，34 号，36 号，47 号}，{6 号，64 号}，{61 号}；取 $\lambda=0.950$，分类结果为 {3 号，17 号，47 号}，{6 号，64 号}，{29 号}，{30 号，32 号，34 号，36 号}，{61 号}；取 $\lambda=0.950$，分类结果为 {3 号}，{6 号}，{29 号}，{61 号}，{64 号}，{17 号，47 号}，{30 号，32 号，34 号，36 号}。

通过聚类分析结果，不难发现以下规律。

（1）模糊聚类分析的结果具有大致对称性，如 6 号与 64 号、17 号与 47 号。

（2）模糊聚类分析结果具有区域性，大致上中心桩基本为一类，而边桩与角桩通常各自分为一类。

（3）通过对比不同施工阶段的分类结果可以发现，在下塔柱施工期间 29 号与 36 号桩被分为一类，而在中上塔柱施工期间，29 号桩是孤立的，36 号与 30 号桩等中心桩分到了一起。这样的分类结果是不难解释的：①苏通大桥主塔墩基础本身具有很好的对称性；②对于密集群桩基础，总会存在群桩效应，群桩效应会使中心桩和周边桩的受力存在差异；③在下塔柱施工期间会在索塔根部产生一个弯矩，这个弯矩将 29 号与 36 号桩这对在索塔两侧的边桩与中心桩联系起来。

从聚类结果可以看出，聚类分析确实可以反映结构的内在联系，利用聚类分析对多传感器系统进行融合分区是合理的，能够达到提取多传感器共有数据特征的目的。

第 7 章　数据融合算法在群桩基础沉降监测中的应用

沉降和差异沉降是反映群桩基础施工安全和施工质量的重要指标。实践表明，具有强大安全储备的索塔深水群桩基础的沉降过程具有渐进性。每一周期的沉降值往往比较微小。普通的精密大地测量方法因外业工作量大、作业时间长，使得观测结果和精度受气象因素尤其是潮位影响大，同一测次、不同测点所对应的荷载因潮位涨跌而存在较大差异，严重影响观测结果的可靠性。为了解决深水群桩基础沉降监测技术难题，并获得群桩基础安全性评价及设计所需的可靠分析参数等重要基础资料，在深入分析桥位区水文和地质条件以及群桩基础施工过程和技术难题的基础上，基于多尺度监控理论，应用星载多孔径合成雷达技术、高精度微压传感器技术、光电式静力水准技术和剖面沉降观测技术等现代高新传感器监测技术，进行监测技术集成创新，提出指导深水群桩基础施工信息化的成套沉降和差异沉降监测技术，同时利用监控系统捕获的大量跟踪观测数据，为科学施工、安全施工和工程安全提供实时馈控信息，并验证其他施工创新技术的应用效果，揭示其机理。

7.1　沉降和差异沉降影响因素分析

苏通大桥倒 Y 形索塔高度 300.6m，受力条件复杂，对地基基础差异沉降的要求很高；桥位区位于长江下游潮汐河段，河床冲刷对基桩沉降影响很大；河床覆盖层深厚，属软土地层，沉降问题突出；施工过程复杂，改变了建设环境和结构的条件，差异沉降问题突出。故将影响沉降和差异沉降的因素归纳为 4 大类，即地质因素、结构因素、施工因素和水文因素。

7.1.1　地质因素

地质因素对沉降和差异沉降影响主要体现在以下几个方面。

（1）土的工程性质。桥位区河床覆盖层厚度超过 270m，所以群桩基础无法以基岩作为持力层，故土的工程性质对沉降和差异沉降有重要影响。主要体现在土的强度、压缩模量和固结度。如北索塔群桩基础的表层土（即第②层 Q_4 粉细砂）为新近沉积的最大厚度达 33.7m 的欠固结土，这对基础的沉降，尤其是工后沉降有重要影响。

（2）土层的相变。桥位区地层属河口沉积相，地层相变较大，土层分布不稳定，这对差异沉降有一定影响。

（3）地基土层的结构。桥位区地基土层属多元结构，这在较大程度上影响地基土的固结排水条件，对工后沉降有重要影响。从土层的总体分布看，北索塔地基的透水性和排水条件较好，而南索塔则较差。

7.1.2 结构因素

对于地基基础的沉降和差异沉降，在很大程度上取决于基础的结构形式和传力机理以及荷载的作用形式。而荷载的作用形式则取决于上部结构的特点，故结构因素对沉降和差异沉降的影响主要体现在以下几个方面。

（1）就破坏形式而言，群桩基础的破坏模式分为整体式破坏和非整体式破坏，整体破坏即桩端土与桩共同变形，非整体破坏即桩端土与桩发生滑移，各基桩发生刺入破坏。大量的工程实践表明，当桩距大于 5～6 倍桩径时，群桩为非整体破坏；当桩距小于 5～6 倍桩径时，为整体破坏。苏通大桥主桥索塔基础采用高承台超长大直径钻孔灌注群桩基础。承台横截面为变高梯形，底面尺寸为 113.75m×48.1m，顶面为斜面，标高为 4.907～6.324m，承台厚度由边缘的 6m 变化到最厚处的 13.32m。南、北主塔桩基总数均为 131 根，采用梅花形布置，基桩中心距横桥向 6.75m，顺桥向 6.41m，使得群桩基础具有整体式基础的传力特点，相应的沉降可按等代墩基础计算模式进行计算分析。

（2）呈密集布置的群桩基础存在突出的群桩效应问题，而群桩效应对沉降的影响十分复杂。由于超大型桥梁工程上部结构荷载巨大，且多为作用面积不大的集中荷载，同时也为了减小船撞的概率，所以群桩基础因平面面积受到制约具有大直径、超长和基桩呈密集布置的特点。因此而被认为存在突出甚至严重的群桩效应问题。如图 7.1 所示，当两根基桩桩距为 s，两桩桩顶荷载均为 Q，单根桩受荷载 Q 的作用在中心轴处产生的最大应力为 σ_{max}；邻桩荷载在本桩中心轴处的叠加应力为 σ_s，则邻桩叠加应力系数 A_s 为

$$A_s = \frac{\sigma_s}{\sigma_{max}} \tag{7.1}$$

可通过积分求得 σ_s，进而得到邻桩叠加应力系数 A_s，即

$$A_s \approx \left(\frac{1}{3s} - \frac{1}{2\tan\varphi}\right)d \tag{7.2}$$

显然，相邻桩的应力叠加必然在较大程度上影响群桩基础的沉降，但在目前的理论水平和技术条件下，群桩效应对沉降以及差异沉降的影响尚无可靠、准确的评价方法。

（3）呈倒 Y 形结构的索塔使群桩基础处于复杂的受力状态，并产生差异沉降。为了提高索塔的横桥向稳定性，苏通大桥主桥索塔采用倒 Y 形结构形式，下塔柱和中塔柱的上、下游塔肢与水平面的夹角均为 82.81°。由此，在桥面以下的下塔柱和合拢段以下的中塔柱混凝土浇筑过程中，群桩基础处于复杂的受力状态，在承受巨大垂向荷载的同时，还需承受巨大的弯矩作用。这对差异沉降有重要影响，使得系梁区的沉降大于上、下游承台。

7.1.3 施工因素

施工因素对沉降和差异沉降的影响主要体现在以下几个方面。

（1）河床预防护施工方案不仅防止了河床冲刷和局部冲刷，控制了群桩基础的沉降和差异沉降，而且在较大程度上改良了表层土的工程性质，提高了群桩基础的力学性能。近海、河口深水区域多为松软底质的易冲河床，基础的施工必然在一定程度上增大水流的冲刷能力和河床的易冲性，从而影响施工平台的安全性，袋装沙预防护技术的采用，使得河床防护沙袋在钢护筒插打时被较深地挤入松软的河床底质层，从而确保了防护沙袋的着床

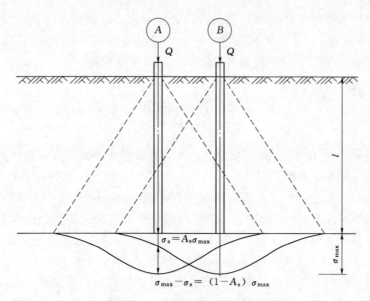

图 7.1 群桩应力叠加示意图

效果和冲刷防护效果，大量的、成片分布的沙袋的机械挤入，使桩周土层产生强烈的挤密和增密作用，透水性良好的沙袋也增强、加快了地基土的排水固结作用，从而在较大程度上提高了桩周土的承载性能和群桩基础的整体性，大范围的河床防护层也在较大程度上增大了应力扩散角。

（2）优质 PHP 护壁泥浆和反循环钻进技术的采用消除了孔底残渣，确保了孔壁的稳定性，从而确保了基桩的施工质量，并有效控制群桩基础的沉降。大直径超长钻孔的施工通常都难免存在钻孔卸载松弛、孔底残渣和孔壁稳定问题，优质 PHP 护壁泥浆和反循环钻进技术的采用消除了孔底残渣，并确保了孔壁的稳定性，这也与精确的钢护筒定位技术和铅垂度保证技术一起减少了钻孔卸载松弛的不利影响。

（3）对于高桩，浇筑过程中的流态桩身混凝土对桩周土具有强烈的再压密作用，从而提高了地基土的工程性质。深水条件下必须采用的高桩形式，存在侧向刚度弱的缺点，但桩顶高程远大于河床面的特点，使得浇筑过程中的流态桩身混凝土对桩周土具有强烈的再压密作用，原型跟踪观测和室内模型试验结果表明，对于桩间距小的密集型基桩，浮重度是地基土 1.4 倍的、需要凝固时间较长的流态桩身混凝土的超载压密作用不仅修复了钻孔卸载松弛和护壁泥皮的不利影响，其增密效果也十分突出。

（4）桩底后压浆进一步改良了持力层的工程性质，并提高了群桩基础的整体性，从而削弱了群桩效应对承载力和沉降的影响。作为生命线工程的超大型桥梁，确保其安全性是必然要求，为此采用桩底后压浆技术以提高其安全储备，原型观测表明，桩底后压浆具有明显的扩底、增密、连接、固结和预压效应，起到了类似"封底、嵌固"的作用，它与流态桩身混凝土的超载压密作用、大面积河床预防护层的挤密和压盖作用共同增强了群桩基础的整体性，使超大型超深群桩基础具有整体基础的传力工作机理，从而消除群桩效应的不利影响。

（5）索塔混凝土的分段浇筑方案有效控制了加荷速率，从而有利于地基土的固结，这对控制群桩基础的沉降十分有利。根据设计方案，索塔自重作用于桩基础的垂向荷载为728.22MN。根据施工方案，索塔（含下横梁）混凝土分为 70 次浇筑，施工持续时间将近 500d，加荷速率缓慢，这对控制群桩基础的沉降十分有利。

7.1.4　水文因素

对于强潮汐环境的深水群桩基础，水文因素对沉降和差异沉降的影响主要体现在以下几个方面。

（1）不同潮位条件下，群桩基础承受的浮力存在较大差异。苏通大桥处于感潮河段的深水环境，而且体积巨大的主桥群桩基础的承台位于涨跌水位范围内，在钢套箱割除前，潮差大的情况，在约 3.5h 内，承台受到的浮力差可达 224MN，即基桩承受的荷载在3.5h 内存在 224MN 的波动。这在很大程度上影响沉降观测结果，当监测点采用人工观测时，同一次观测，不同的测点所对应的荷载相差 224MN。而索塔的自重不足 730MN，但其施工历时长达 16 个月，钢箱梁吊装和桥面铺装产生的荷载更小。

（2）潮位涨跌使群桩基础长期承受高强度的低频循环荷载作用。对于潮汐河段，江水位日复一日地两涨两落，这使得群桩基础长期承受强度约 200MN 的低频循环荷载作用，这种作用必然影响群桩基础的工后沉降，但目前的研究仍属空白。

（3）潮汐流的影响。桥位区属于双向强潮汐环境，落潮流速可达 3.4m/s，这对群桩基础的沉降也有一定影响，但目前的研究仍属空白。

（4）不均匀河床冲刷将使群桩基础产生差异沉降。根据河流动力学理论，群桩基础的上游侧以冲刷为主，下游侧则可能产生淤积。显然，强烈的局部冲刷必然导致群桩基础的差异沉降。

7.2　沉降和差异沉降的多尺度监测技术

7.2.1　D–InSAR 沉降监测技术

1. D–InSAR 技术基本原理

D–InSAR 技术由 InSAR 技术发展而来。它利用相同区域至少 3 次以上合成孔径雷达（SAR）影像，并通过相同时间的图像对干涉后的相位差反映 DEM（数字高程模型），而不同时间的图像对干涉后的结果可反映 DEM 与形变信息，最后将两幅干涉图像进行差分处理，即可获取地表形变。事实上，D–InSAR 数据处理的结果中包含不确定因素的影响。

一方面是时间失相关问题，即时间基线对于干涉成像有重要影响。微小的形变往往发生在一个较长的时间段里，实施差分干涉需要 3 次以上的重复观测（成像），通常会安排两次成像时间较短相隔。因此，至少会有一次观测通常与其他观测相距较长的时间，而地表的状况（电物理特性、植被覆盖等）会有较大的变化，导致干涉成像时的相干性大为降低，生成第二幅干涉图像往往质量不佳，给后续数据处理工作带来很大困难。此外，在地震的形变观测中，地震前后地面覆盖的状况可能已经发生明显的变化，相干性也会受到明显影响。变化检测的数据获取要求和差分干涉成像的原理之间有相互矛盾之处。

　　另一方面是相位解缠，即在提取变化信息之前需要对其中一幅干涉图像进行解缠，去除地形的影响来提取变化。如果利用已有的 DEM 数据，可以避免对干涉图像的解缠。但是，得到的形变（差分）干涉图像仍然是缠绕的，需要从某一个已知的参考点手工计算 2π 周期数。

　　还有一个比较明显影响差分干涉结果的问题是电磁波在大气中传播时的延时。这个延时对应于在干涉图中附加了一个相位，不同时间实施的 SAR 对地观测所对应的大气水分含量和电离层状态可能不同，那么这个附加的相位最终的量测结果增加了不确定性。解决的方案包括选择长基线的干涉相，波长较长的 SAR 系统获取的数据或者利用多次重复观测的干涉影像，对结果进行取平均值等方法。

　　为了从雷达干涉处理得到的完整相位中消除地形相位，通常可采用以下 4 种方法[239]。

　　（1）采用零基线数据。此时测量的相位中不包含地形影响，这是一种极端的情况，星载 SAR 由于轨道控制的问题而很难有这样的基线数据，但是在地表较为平缓且基线小于 20m 时则可以近似认为是"零基线"。

　　（2）以 Massonet 为代表的 DEM 法，又称为"两轨法"。这需要两幅 SAR 影像和一个外部 DEM。其基本思想是利用已知的外部 DEM，同一景区的两幅影像，这两幅影像分别成像于地面发生位移前后，通过将两幅图像进行干涉处理生成干涉条纹图，然后利用目标区内已知的高精度 DEM 模型和卫星轨道参数生成模拟干涉条纹图，最后在干涉条纹图中减去利用已知生成的 DEM 模拟干涉相位就得到了地面位移引起的相位差。两轨法的优点是不需要相位解缠，减少了数据处理的工作量，并且避免了相位解缠引入的误差，但已知的 DEM 与 InSAR 干涉图像的配准存在很大的困难和不确定性。一方面因为二者之间的配准是只有几何特征可用的纯几何配准，不能像影像相关那样有灰度相似性信息做匹配测试。而在 DEM 上很难找到明显的特征点作为配准的联系点。另一方面，DEM 本身存在误差，如测图时地形特征点选取不准确，地形线和地形线的内插等都会引入误差，这些误差都会影响最终得到的地形形变的精度。

　　（3）以 Zebker 为代表的"三轨法"。其原理是在目标区域地表变化前后拍摄的 3 幅影像，其中两幅影像是在地表变化前获取的，它们组成像对进行干涉处理，得到只含地形相位的干涉图像。另一幅影像是在地表变化后获取的，将它与形变前获取的一幅影像（即主影像）组成像对进行干涉处理，得到了既含地形相位又含形变相位的干涉图像。将得到的两幅干涉图像进行差分处理，则差分后干涉图中的相位仅为地表发生变化所引起的相位差。该方法的优点是不需要额外提供 DEM 即可得到地面位移引起的相位差。因此，该法特别适用于缺少高精度 DEM 数据的地区。缺点是地形对需要相位解缠，其解缠精度的优劣将直接影响到后续的处理。

　　（4）"四轨法"。其基本思想是选择四幅影像，用其中的两幅来生成，另外两幅做形变监测。其具体处理方式和三轨法相似，唯一的区别就是在生成和做形变监测时所选用的主图像不一样。该方法的提出主要是为了弥补三轨法的不足，三轨法在不能生成或相干性差到不能得到形变信息时就选择四轨法。但四轨法有一个很大的应用阻碍，目前还不能很好地将两幅干涉影像进行配准。在三轨法中可以把两幅辅图像配准到一幅主图像上，但在四轨法中却没有这一途径。

表 7.1 为不同方法对数据的要求。

表 7.1 差分干涉方法及其数据要求

差分干涉方法	数 据	DEM 来源
二轨差分	InSAR 对和 DEM	外部
三轨差分	3 个 SAR 影像（两个 InSAR 对）	从 1 个 InSAR 对获得
四轨差分	4 个 SAR 影像（两个 InSAR 对）	从 2 个 InSAR 对获得

2. D-InSAR 数据处理流程

图 7.2 显示的处理过程中，需要完成的具体工作包括以下步骤。

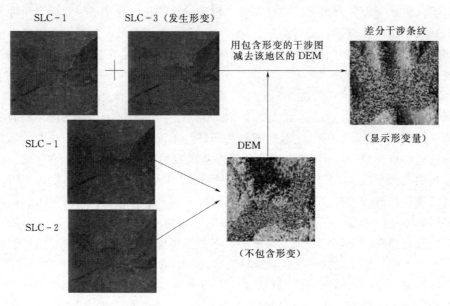

图 7.2 D-InSAR 数据处理流程（用 DORIS 处理的桥位区数据）

第一步：几何分析。通过图像几何分析来计算平地相位、解开的相位与高度间的关系（$\Delta h/\Delta\phi$）、主/从图像配准绘图和地形校正参数等。

第二步：SAR 图像配准。重采样从图像配准以便很好地配准到主图像，配准精度必须在 1/4 像元宽度之内。

第三步：计算干涉图。干涉图相位＝主像元的相位－从像元的相位。

第四步：去除平地效应。已校正的干涉图的相位＝原始干涉图的相位－平地相位。

第五步：干涉图增强和相干图生成。对干涉图做空间滤波以减小相位影响，从而提高主从图像间相位相关性，同时对整个干涉图中的局部区域计算主从图像间的相关性。

第六步：相位解缠。一景干涉图像包含了 SAR 相对的振幅及相位信息。在图像中每一点都要计算对应的平均振幅和相位差值。干涉图像的结果相位直接与地形有关，仅以 2π 模数来标定，为计算每一点高程，在每一次相位测量时要加上相位周期的整数。

第七步：变换解开的相位到高度。利用（$\Delta h/\Delta\phi$）的几何关系使解开了的相位以 m 为单位与地面以上的高度发生联系。

第八步：校正与地形高度有关的畸变并作地理编码。图像投影仍是主图像的斜距/方位坐标，但与地形有关的变形已被校正，同时大面积低相干区被屏蔽掉，SAR 图像经变形校正后，高度图像就很容易地理编码到流行的地图投影，如经度/纬度（lat/long）、通用的横轴墨卡托投影（UTM）。

第九步：利用地面控制点校正高度图像中的水平和垂直误差。利用不同特征的地面控制点计算高度误差校正面并修正几何参考，检验残余值，在已校正的图像上进行质量分析。

第十步：相关图像产品生成。地理编码的主 SAR 图像和配准的从 SAR 图像，地理编码的相干图像等。

3. PS 在 D-InSAR 技术中的应用

在 D-InSAR 技术中，相干性表征了相位稳定性的测度，它是影响 D-InSAR 技术获取高质量 DEM 和高精度形变的重要因素。传统的 D-InSAR 技术自身在应用中存在局限性，主要表现在时间失相干和大气扰动造成相干性的大幅度降低。在植被覆盖地区，或者更一般地说，在地表后向散射特性随时间变化较大的地区，这些地区相隔一个或多个重访周期多获得的 SAR 图像对同名像素之间相干性很差，甚至不相干，以致在这些地区时间间隔稍长即可能无法利用传统的 D-InSAR 技术监测地表形变；另外，大气扰动因素会造成雷达信号延迟和传播路径弯曲，且在估算研究区的 DEM 和形变模式时，当地表形变的性质与大气效应比较接近时，D-InSAR 处理的结果中含有的大气相位成分也会带来不可低估的误差[240,241]。

雷达图像实质上是地面目标对雷达发射信号散射的回波强度和相位的记录图像，所以，地物目标的散射特性对雷达图像的干涉质量起关键作用。为了提高图像的相干性，可以利用长时间保持不变的相位稳定地物（如裸露岩石、人工建筑物、公路等）的永久散射特性来弥补 D-InSAR 技术的缺陷，得出研究区域的微小形变。

在研究区 SAR 图像干涉质量不高的情形下，如对水库、大坝、桥梁、管线和滑坡等区域进行监测时，除可充分利用地物本身的永久散射特性外，还可在预先设定的监测点上架设 CR，这些在长时间间隔内仍能保持高相干性的点被称为 PS。天然的和人工的 PS 回波信号一般都较强，能强烈地反射 SAR 传感器发射的雷达波，并在 SAR 图像中出现明显的特征点——以亮点或亮线的形式表示出来。

PS 方法是建立在一个统计回归模型基础之上，通过同一地区获取的多幅多时相 SAR 图像，先提取出经过长时间的时间间隔仍具有较好相干性的像元构成一个成像区的小子集，然后研究该子集内的像元的相位变化，分析得到可信度高的形变测量值，以此来监测轻微的地表运动。PS 可以被看做天然的 GPS 测量网结点，即使周围地区的相干性不好，在这些相位稳定的像元上也能得到可靠的高程和形变测量结果。借助研究区的 PS，运用传统 D-InSAR 往往也能得到较好的测量结果，但若有足够的（一般大于 25 景）数据，利用 PS 方法可以得出更精确、更合理的形变结果。

已有研究成果表明，在苏通大桥的地基基础安全监测中，索塔地基基础的沉降过程是渐进的，在地基基础产生屈服破坏之前，每一周期的沉降观测值往往是微小的，承台的差异沉降和水平位移则更小。现在主要依靠振弦式剖面沉降仪测试技术、光电式静力水准技术和精密三向位移观测系统进行基础的跟踪观测，实现对重要工况（或突发事件）、重点部位、重点问题的实时快速监控。常规布设传感器的监测方法由于受布设尺度有限性和破坏范围不确定性的影响，具有很大的局限性。故很难对苏通大桥的地基基础的安全性作出准确而又全面的分析。已有研究表明，基于 PSInSAR 的大尺度变形监测方法可以用来监测城市建筑物和大型工程（如水库、大坝、桥梁、管线）的安全性，那么用这种方法来监测索塔基础的缓慢沉降是可行的。在此，利用桥梁本身具有的先天 PS 特性，并借助所安装的 CR 方法进行桥位区的大尺度沉降监测，从而获取不同施工阶段索塔群桩基础的沉降数据。这样就可以通过对多种方法监测结果的综合分析建立一个广角度下的多尺度数据融合系统，实现对苏通大桥重点部位的实时监控和安全问题的全面监控。

7.2.2　剖面沉降监测技术

1. 剖面沉降仪组成及观测原理

剖面沉降仪是利用水头压力来量测任何结构物基础下连续剖面的沉降或隆起的一种仪器。从图 7.3 所示的组成示意图中可知，该仪器结构非常简单，包括一个装在鱼雷状外壳内的压力传感器、一个安装在便携式绕线盘上的充满液体的测量管、一个可视的视准管、储水槽和一个从传感器引到读数仪的信号线。操作也很容易（图 7.4），即首先将柔性的聚乙烯管预埋到

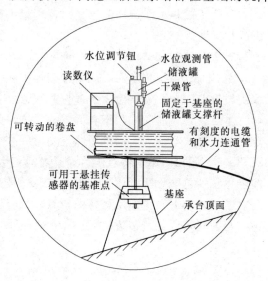

图 7.3　剖面沉降仪的组成示意图

要量测的地层剖面上，如果该地层受力后产生沉降或隆起时，则聚乙烯管的中心线也会跟着产生相应的变化。按规则的或要求的间距逐渐拖动传感器，传感器可以精确地测量出预埋管中的任何一点和水槽之间液体的高度，由于这个值的大小同传感器所在处的标高成正比，故用固定在管壁上的信号线将输出信号由探头传递到读数仪中，就可量测出整个剖面的隆起与沉降了。

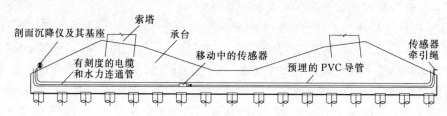

图 7.4　剖面沉降观测原理示意图

进行温度修正后，测点的高程 E 的计算公式为

$$E = E_{ref} - (R_0 - R_c)G + (T_0 - T_c)K \tag{7.3}$$

式中　E_{ref}——基准点的高程（由常规测量确定）；

R_0——基准点传感器的初始读数；

R_C——测点传感器当前读数；

G——仪器系数；

T_C——测点温度；

T_0——基准点温度；

K——传感器温度的修正系数。

2. 剖面沉降管布设与安装

(1) 沉降观测剖面位置的确定应依据监测目的，按最不利断面确定。

(2) 剖面沉降管采用比测头直径大 2cm 左右、柔韧性好的圆形塑料硬管（常用 PVC 管）。

(3) 沉降管埋设时机取决于施工进度，要保证埋设后的沉降管不被压坏。对于承台挠曲变形监测，其埋设时机应跟踪承台钢筋网摊铺进度，及时进行剖面沉降管的摊铺。

下面以主 4 号墩承台挠曲变形监测为例阐述剖面沉降监测沉降管的布设。

3. 主 4 号墩剖面沉降管的布置与埋设

根据设计方案，主 4 号墩布置沉降观测剖面 3 条，即 1 条横桥向剖面（位于轴线）、2 条纵桥向剖面（分别位于上、下游索塔之下）。其中，横桥向剖面由两段组成，考虑到系梁区受力条件的复杂性，两段剖面的交叉点设置于上游承台的下游侧。

为了确保剖面沉降观测系统的可靠性，在 −1.5m 高程增加横桥向剖面（位于轴线，为贯通性剖面）和纵桥向剖面（位于下游索塔之下）各 1 条剖面。

根据前述的剖面沉降管安装埋设方法，其安装埋设时机取决于承台施工进度。横桥向剖面沉降管沿第二层 $\phi40$ 钢筋敷设，为了避免压坏剖面沉降管，敷设工作应在第三层纵桥向 $\phi32$ 钢筋摊铺完成后进行。纵桥向剖面沉降管沿第三层 $\phi32$ 钢筋敷设，为了避免压坏剖面沉降管，敷设工作应在第三层横桥向 $\phi40$ 钢筋摊铺完成后进行。根据主 4 号墩承台施工方案，其混凝土的浇筑分 3 区、5 层，共 11 次进行。其中，系梁区位置设置 3m 宽的后浇段。据此，主 4 号墩底部的上游纵桥向剖面和横桥向剖面的上游段于 2005 年 2 月 5—7 日安装完成，2 月 27—28 日埋设完成；下游纵桥向剖面和横桥向剖面的下游段于 2005 年 2 月 5—7 日安装完成，3 月 5—9 日埋设完成。主 4 号墩上部横桥向剖面的上游段于 2005 年 4 月 14—16 日安装、埋设完成；下游纵桥向剖面和横桥向剖面的下游段于 2005 年 4 月 17—20 日安装完成、4 月 20—22 日埋设完成。

7.2.3 静力水准监测技术

1. 静力水准系统的组成及测量原理

静力水准系统由多个考虑大气压力修正且含有液位传感器的静力水准仪组成，各静力水准仪之间由水力连通管、大气平衡连通管、传感器内腔平衡连通管联系。组成示意图见图 7.5。各静力水准仪分别固定于被测部位的专用基座上，其中一个静力水准仪位于一个稳定的基准点上，其他静力水准仪位于与基准点大约相同标高的不同位置上，任何一个静力水准仪与基准点之间的高程变化都将引起相应容器内的液位变化。该系统特别适合那些要求高精度监测垂直位移的场合，其精度取决于液体密度变化，而液体密度与温度变化相关，只有当整个系统保持在一恒定温度时才能获得系统的最高精度，可以监测到 0.03mm 的高程变化。

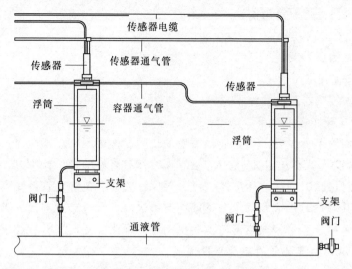

图 7.5　静力水准系统组成示意图

系统中任一特定容器（储液筒）液位变化 ΔEL_X 计算公式为

$$\Delta EL_X = (R_{1X} - R_{0X})G_X - (R_{1Ref} - R_{0Ref})G_{Ref} \tag{7.4}$$

式中　R_{1X}、R_{0X}——X 静力水准点的当前读数和初始读数；

　　R_{1Ref}、R_{0Ref}——基准静力水准点的当前读数和初始读数；

　　G_X、G_{Ref}——分别为两个传感器的系数。

2. 静力水准观测系统的布设与安装

根据苏通大桥的具体施工特点，采用预埋式静力水准观测系统的安装埋设方法，即在承台钢筋网敷设后，将水力连通管、大气平衡连通管和传感器内腔平衡连通管沿钢筋敷设，使之预埋于承台混凝土中，从而避免外界环境对观测结果的影响，也避免了工程施工对观测系统的损坏。

静力水准观测系统的安装大概分为 5 个步骤。

（1）安装储液筒。静力水准仪主要由两部分组成：一部分是固定静力水准仪传感器的支座；另一部分是静力水准仪传感器。固定静力水准仪传感器的支座由底部的一块正方形钢板底座与 3 根均匀分布在底座上的不锈钢螺杆通过焊接的方式紧固连接在一起。

安装静力水准仪之前首先根据测量要求确定各测点的等高线。静力水准仪传感器的支座与钵体通过分布在底座上的 3 根不锈钢螺杆固定在一起。将钵体安装在同一等高线位置，然后将装好的调节螺栓的安装板用膨胀螺栓固定于基本等高的测点上，再将储液筒安装在调节螺栓上，固定螺栓时使用密封垫圈辅助螺母，调整其角度使之达到铅垂状态。

（2）连接通液管。本系统共有 3 个储液筒，在安装储液筒时将带有 1 个管接头的储液筒安装在第一个测点和最后一个测点，将带有两个管接头的储液筒安装在中间测点。通液管的长度根据各测点之间的距离确定，将管接头与通液管连接，为了避免产生气泡与填充液体的渗透，利用铁丝等将连接处卡摘锁紧。

（3）填充液体。将任意一个储液筒的上盖旋下，将液体填充入储液筒中。为了完全排除通液管内的气泡，充液体时应不间断缓慢地加入；填充液体时时刻观察储液筒内的液位高度，避免填充的液体过多或过少；充液过程结束后，检查系统的密封性能，确保各接头无液体渗透、通液管内无气泡。

（4）安装传感器。将储液筒的上端盖旋下，再将静力水准仪传感器测杆末端的定位锁紧环卸下。将浮子与静力水准仪传感器测杆一起插入至静力水准仪储液筒中，插入时应注意传感器测杆末端插入储液筒底端设计的圆孔中。最后将位移伸缩仪与储液筒的上端盖旋紧。至此静力水准仪传感器安装完毕。安装完毕后，为保持其角度达到铅垂状态，调节安装架上的螺栓，直至浮子的中轴线与水面垂直。

（5）连接数据采集与传输子系统。将静力水准仪传感器与数据采集与传输子系统连接。

下面以主 4 号墩承台挠曲变形监测为例，阐述静力水准观测系统的布设。

3. 主 4 号墩静力水准观测系统的布置与埋设

根据设计方案，主 4 号墩布置静力水准观测点 5 个（图 7.6），其中，在上游承台的上游侧布置 3 个观测点（分别位于中点、西北角和西南角）、上游承台的下游侧布置 1 个观测点（位于轴线）、下游承台的下游侧布置 1 个观测点（位于轴线）。

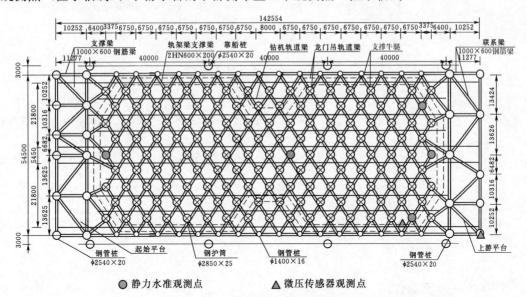

图 7.6 承台浇筑完成后沉降和差异沉降观测点布置（单位：cm）

如上所述，静力水准观测系统安装埋设的主要工作是水力连通管、大气平衡连通管和传感器内腔平衡连通管的敷设和埋设。根据静力水准观测系统连通管的安装埋设方法，其安装埋设时机取决于承台施工进度，主 4 号墩静力水准观测系统连通管的敷设工作在第二层混凝土浇筑后、第三层混凝土浇筑前进行。根据主 4 号墩承台施工方案，其混凝土的浇筑分 3 区、5 层，共 11 次进行。其中，上游承台第二层混凝土（厚 2.3m）的浇筑时间为 2005 年 3 月 12 日 10：30 至 3 月 14 日 10：30，上游承台第三层混凝土（厚 2.0m）的浇筑时间为 2005 年 4 月 14 日 10：30 至 4 月 16 日 2：00，故上游承台 4 个静力水准观测点的连通管敷设埋设时间为 4 月 7—16 日；下游承台第二层混凝土（厚 2.3m）的浇筑时间为 2005 年 3 月 19 日 11：00 至 3 月 21 日 16：30，下游承台第三层混凝土（厚 2.0m）的浇筑时间为 2005 年 4 月 20 日 10：30 至 4 月 22 日 10：00，故下游承台 1 个静力水准观测点的连通管敷设埋设时间为 4 月 17—22 日。

7.2.4　微压传感器监测技术

1. 微压传感器组成与测量原理

微压传感器的构成包括一个密封在压力容器内的双隔膜片盒，该气压调节腔体与一振弦式应变计相连接，其组成如图 7.7 所示。外部压力施加到隔膜盒上，导致其压缩并在振弦传感器上产生一作用力，该力引起振弦振动频率变化。张力的变化与应力成正比，通过率定压力能够很准确地确定。

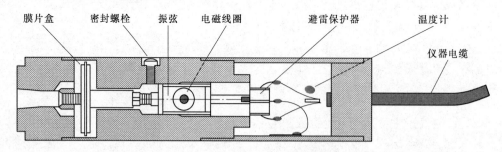

图 7.7　微压传感器组成示意图

当作为水位传感器使用时，其测量原理和静力水准系统一样，只是在这里根据读数直接计算出的是压力差，还需通过压力差转化为高程差，从而得出各测点沉降值。其压力差计算公式为

$$P=(R_1-R_0)G+(T_1-T_0)K \tag{7.5}$$

式中　P——实测压力变化值，Pa；

R_0——安装后的初始读数；

R_1——当前读数；

G——传感器系数；

T_0——初始温度；

T_1——实测温度；

K——温度修正系数。

微压传感器在苏通大桥主塔墩观测原理如图 7.8 所示。

2. 微压传感器布置与埋设

结合施工现场的实际情况以及主 5 号墩钢套箱整体起吊和沉放过程中的支撑桩差异沉降监测经验，在主 4 号墩采用国外先进的微压传感器监测技术，建立了能够实现高精度、全天候、密集准连续观测的索塔承台沉降观测系统，实现了对重要工况的实时快速监控。

该监测系统由多个考虑大气压力补偿的微压传感器（美国 Geokon 公司生产的 GK-4580 型振弦式微压传感器，可以测量出 0.2mm 的高程变化）组成，各个微压传感器之间由变径镀锌连通钢管提供可靠的水力联系。各个微压传感器分别固定于连通钢管的顶端，利用液面平衡原理，实现对桩基础沉降的快速、连续观测，整个系统的观测精度

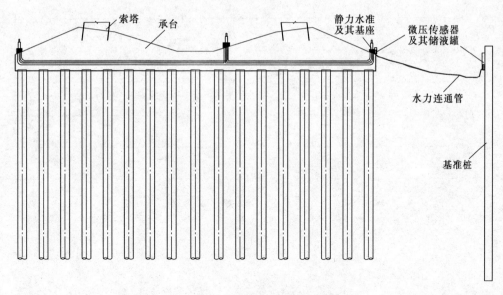

图 7.8 微压传感器观测原理示意图

为 0.88mm。

主 4 号墩承台的沉降观测系统由两个微压传感器组成，观测系统中的一个微压传感器可靠固定于距离承台最远的生活区平台西北角的钢管桩上，以提供参照点。另一个微压传感器则可靠固定于上游承台上游侧的中点。观测点的布置见图 7.6。从 2005 年 2 月 28 日开始首次观测，截至 2005 年 5 月 17 日的 79 天时间内，共开展了 82 次跟踪观测。跟踪的重点工况是承台混凝土分层浇筑。

在承台浇筑完成后，将上游承台上游侧中部的测点移至承台西北角的顶面，从而使微压传感器系统（用于观测承台的沉降）与静力水准系统（用于观测承台的差异沉降）一体化，构成了由 7 个观测点组成的沉降和差异沉降观测系统。测点的布置见图 7.6。

7.3 沉降和差异沉降的数据融合算法应用

7.3.1 苏通大桥主 4 号墩承台沉降实测数据分析

根据沉降和差异沉降多尺度监测集成技术，以固定于距离承台最远的生活区平台西北角的钢管桩上的微压传感器为基准点，求得承台西北角微压传感器的绝对沉降值，也相当于获取了该处静力水准点的高精度绝对沉降值，再根据该静力水准点的绝对沉降观测值，依次计算出承台上另外 4 个静力水准点的高精度绝对沉降值。

依据主 4 号墩索塔浇筑期间从 2005 年 11 月 2 日到 2006 年 7 月 8 日的静力水准实测数据和微压传感器实测数据，可得到该时段承台沉降变化趋势，其时程曲线如图 7.9 所示。

由图 7.9 可知，随着索塔的施工，承台各部位的沉降都是缓慢增加的，与上游承台和下游承台的沉降相比，系梁区的沉降更大，从 2005 年 11 月 2 日（下塔柱浇筑至 90m）至 2006 年 3 月 30 日（中塔柱已浇筑完成），实测沉降量达到 24mm，此时上游承台和下游承

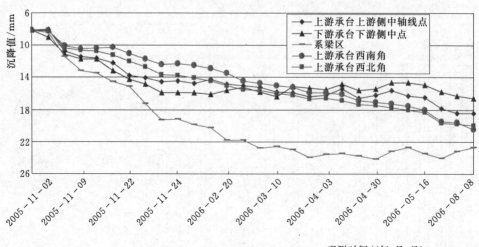

图 7.9　承台各静力水准点的沉降曲线

台的沉降值约为 16mm。对比前期有限元计算，承台在索塔浇筑期间实测的沉降偏小。分析其原因主要有二：一是由于利用布设静力水准系统和微压传感器的方法得到的仅仅是上游承台区、下游承台区和系梁区的沉降，而对于沉降值最大的索塔所在区域并没有得到实测结果；二是由苏通大桥的双向强潮汐深水环境造成的。

　　由潮位的跟踪观测得到 2005 年相关月份的最大潮差见表 7.2，实测最大潮差为 3.41m，与之相应的、作用于桩基础（此时钢套箱壁体未割除）的浮力变化为 191MN，即在一天时间内，基桩承受的荷载有 191MN 的波动。相应的桩基础实测到的高程变化约 1mm。由此可知，潮位高低对实测的沉降结果造成了一定的影响。如果剔除潮位影响，实测结果将会与计算结果有较好的一致性。

表 7.2　　　　　　　　　　　　　　　　　2005 年实测的最大潮差

月份	5	6	7	8	9	10	11	12	1
潮差/m	2.92	2.99	3.21	3.41	3.23	3.08	2.89	2.84	3.19

7.3.2　苏通大桥主 4 号墩承台差异沉降实测数据分析

　　钢吊箱和承台混凝土浇筑过程中，为了实现对沉降的实时监测，在主 4 号墩群桩基础建立了由两个微压传感器组成的沉降观测系统，观测系统中的一个微压传感器可靠固定于距离承台最远的生活区平台西北角的钢管桩上，以提供参照点。另一个微压传感器则可靠固定于上游承台钢吊箱上游侧的中点，观测点的布置如图 7.6 所示。考虑到在内外水头差作用下，钢吊箱存在一定的变形。为了消除钢吊箱变形对观测结果的影响，在承台浇筑完成后，维持微压传感器基准点位置不变，将设置于钢吊箱上的微压传感器从上游承台钢吊箱上游侧中部移至承台西北角，其位置与静力水准系统中的西北角测点位置一致，从而使微压传感器系统（用于观测承台的沉降）与静力水准系统（用于观测承台的差异沉降）一体化，构成了由 7 个观测点组成的沉降和差异沉降观测系统，观测点的布置见图 7.6。对北索塔的施工进行了实时跟踪观测。

1. 剖面沉降观测数据

根据设计方案，为了精确观测主 4 号墩承台的差异沉降，共布置沉降观测剖面 3 条，具体布设方法在 7.2 节已作详细的描述。主 4 号墩上部索塔浇筑过程中（索塔的具体施工工况见表 7.3 和表 7.4），主 4 号墩承台纵桥向剖面沉降的观测结果如图 7.10 所示，横桥向剖面沉降的观测结果如图 7.11 所示。

表 7.3　　　　　　　　北索塔下塔柱和中塔柱上游塔肢施工时间汇总表

序号	节段	节段高/m	标高/m	年份	钢筋制安时间	模板拼装时间	混凝土浇筑时间	方量/m³
1	1	3	8.6		5 月 9—14 日	5 月 14—16 日	5 月 16 日 10：20 至 17 日 11：00	348
2	2	3	11.6		5 月 19—27 日	5 月 27—29 日	5 月 29 日 18：30 至 30 日 8：10	342
3	3	3	14.6		5 月 31 日至 6 月 12 日	6 月 9—13 日	6 月 13 日 3：20—10：10	354
4	4	4.5	19.1		6 月 15 日至 7 月 2 日	7 月 2—5 日	7 月 5 日 20：45 至 6 日 14：25	467
5	5	4.5	23.6		7 月 7—14 日	7 月 14—16 日	7 月 16 日 22：00 至 17 日 10：15	382.5
6	6	4.5	28.1		7 月 18—25 日	7 月 26—30 日	7 月 30 日 22：30 至 31 日 8：00	338
7	7	4.5	32.6		7 月 31 日至 8 月 3 日	8 月 4—9 日	8 月 10 日 1：00—7：05	268.5
8	8	4.5	37.1		8 月 12—16 日	8 月 17—18 日	8 月 18 日 17：30—0：45	240
9	9	4.5	41.6		8 月 19—20 日	8 月 20—21 日	8 月 22 日 4：20—9：15	240
10	10	4.5	46.1		8 月 23—25 日	8 月 25—26 日	8 月 27 日 9：00—13：55	240
11	11	4.5	50.6		8 月 28—29 日	8 月 29—30 日	8 月 30 日 11：30—15：50	243
12	12	4.5	55.1		8 月 31 日至 9 月 3 日	9 月 3—4 日	9 月 4 日 14：25—19：45	236
13	13	4.5	59.6		9 月 5—10 日	9 月 10—14 日	9 月 15 日 9：40—17：30	303
14	14	4.5	64.1		9 月 15—20 日	9 月 20—23 日	9 月 24 日 13：30—21：00	299.5
15	15	4.5	68.6	2005 年	9 月 25—27 日	9 月 27—29 日	9 月 29 日 18：00 至 30 日 5：50	253.5
16	16	4.5	73.1		9 月 30 日至 10 月 6 日	10 月 7—9 日	10 月 9 日 17：00 至 10 日 0：45	289.5
17	17	4.5	77.6		10 月 10—13 日	10 月 14—15 日	10 月 15 日 17：30 至 16 日 5：30	327
18	18	4.5	82.1		10 月 16—19 日	10 月 19—20 日	10 月 21 日 17：00—22：30	202.5
19	19	4.5	86.6		11 月 7—10 日	11 月 10—13 日	11 月 14 日 19：10 至 15 日 6：50	193
20	20	4.5	91.1		11 月 15—17 日	11 月 17—18 日	11 月 19 日 14：10—20：30	188
21	21	4.5	95.6		11 月 26—29 日	11 月 29—30 日	11 月 30 日 20：00 至 12 月 1 日 2：30	192
22	22	4.5	100.1		12 月 2—3 日	12 月 3—4 日	12 月 4 日 8：00 至 5 日 2：40	189
23	23	4.5	104.6		12 月 5—8 日	12 月 8—9 日	12 月 10 日 10：30—16：55	187
24	24	4.5	109.1		12 月 11—12 日	12 月 12—13 日	12 月 14 日 13：00—19：00	184
25	25	4.5	113.6		12 月 16—17 日	12 月 17—19 日	12 月 19 日 11：10—16：35	184
26	26	4.5	118.1		12 月 19—20 日	12 月 21—23 日	12 月 23 日 19：10 至 24 日 1：20	183
27	27	4.5	122.6		12 月 24—26 日	12 月 26—27 日	12 月 27 日 20：15 至 28 日 3：10	184
28	28	4.5	127.1		12 月 28—30 日	12 月 30—31 日	12 月 31 日 10：30—17：15	180

续表

序号	节段	节段高/m	标高/m	年份	钢筋制安时间	模板拼装时间	混凝土浇筑时间	方量/m³
29	29	4.5	131.6		1 月 1—4 日	1 月 4—6 日	1 月 7 日 10：30—16：30	181
30	30	4.5	136.1		1 月 8—9 日	1 月 9—10 日	1 月 10 日 16：50—23：05	179
31	31	4.5	140.6		1 月 11—13 日	1 月 13—14 日	1 月 15 日 15：50—22：30	178
32	32	4.5	145.1		1 月 16—17 日	1 月 18—21 日	1 月 21 日 16：35—0：35	179
33	33	4.5	149.6		1 月 22—24 日	1 月 25—26 日	1 月 26 日 10：55—16：30	179
34	34	4.5	154.1		1 月 27—30 日	1 月 30—31 日	1 月 31 日 13：10—18：10	175
35	35	4.5	158.6		2 月 1—3 日	2 月 3—4 日	2 月 4 日 16：50—22：20	175
36	36	4.5	163.1		2 月 5—7 日	2 月 7—8 日	2 月 8 日 11：20—17：30	172
37	37	4.5	167.6		2 月 9—13 日	2 月 14—15 日	2 月 15 日 16：20—23：10	168
38	38	4.5	172.1	2006 年	2 月 16—17 日	2 月 17—18 日	2 月 18 日 16：50 至 19 日 4：50	183
39	39	4.5	176.6		2 月 19—21 日	2 月 21—22 日	2 月 22 日 16：00—23：00	164
40	40	4.5	181.1		2 月 23—24 日	2 月 24—25 日	2 月 25 日 18：30—1：30	164
41	41	4.5	185.6		2 月 26—28 日	2 月 28 日至 3 月 1 日	3 月 1 日 14：30—21：30	166
42	42	4.5	190.1		3 月 2—3 日	3 月 3—4 日	3 月 4 日 16：40—22：40	163
43	43	4.5	194.6		3 月 5—6 日	3 月 7—9 日	3 月 9 日 12：10—18：30	162
44	44	4.5	199.1		3 月 10—12 日	3 月 12—13 日	3 月 14 日 16：00—23：05	158
45	45	4.5	203.6		3 月 15—17 日	3 月 17—18 日	3 月 19 日 17：40—0：20	160
46	46	4.5	208.1		3 月 20—21 日	3 月 21—23 日	3 月 23 日 16：20—22：40	158
47	47	4.3	212.4		3 月 24—28 日	3 月 28—30 日	3 月 30 日 22：00 至 31 日 3：40	148

　　观测结果表明，在纵桥向上，主 4 号墩承台在纵桥向中间部位存在的最大沉降差约 3mm。但就剖面沉降仪的观测精度而言，该沉降差小于累计误差。故可以认为，在索塔浇筑过程中，主 4 号墩承台在纵桥向不产生挠曲变形。在横桥向上，系梁区的沉降较上、下游承台处的大，在 2005 年 11 月 9 日到 2006 年 2 月 19 期间沉降差是逐渐增加的，最大可达 14mm 左右，承台呈现向下的挠曲变形，承台的变形特征取决于上部结构荷载的作用形式。由于苏通大桥主桥索塔呈倒 Y 形，下塔柱和中塔柱的上、下游塔肢与水平面的夹角均为约 82.81°，中下部设置下横梁。所以，在下塔柱和中塔柱浇筑过程中，承台处于复杂的受力状态。总体规律是：下横梁强度形成之前，随着索塔高度的增长，承台的挠曲变形逐渐加剧，与之相对应，上游承台上游侧和下游承台下游侧的基桩轴力普遍减小（8～12MN）；当下横梁混凝土（第一次的浇筑时间为 2005 年 11 月 7 日 10：30 至 8 日 3：30，第二次的浇筑时间为 2005 年 11 月 22 日 9：05 至 23 日 2：30）强度和刚度形成后，尤其是交汇段混凝土强度形成后，承台的受力状态得到较大的改善。2006 年 4 月 16 日之后，承台横桥向的差异沉降已逐渐减小。

表 7.4　　　　　　　　　北索塔上塔柱混凝土和钢锚箱施工时间汇总表

序号	节段	节段高/m	标高/m	钢锚箱安装	年份	钢筋制安时间	混凝土浇筑时间	方量/m³
48	48	4.5	216.9			3 月 31 日至 4 月 17 日	4 月 22 日 11：30 至 23 日 3：40	573
49	49	4.5	221.4			4 月 23—28 日	5 月 2 日 23：00 至 3 日 12：30	544
50	50	4.5	225.9			5 月 4—14 日	5 月 17 日 10：30 至 18 日 1：00	565
51	51	4.5	230.4	5 月 24—28 日 J5 安装		5 月 31 日至 6 月 3 日	6 月 6 日 17：30—0：20	270
52	52	4.5	234.9	5 月 28—30 日 J6~J8 安装		6 月 7—10 日	6 月 12 日 10：20—16：00	205
53	53	4.5	239.4	6 月 16—19 日 J9~J11 安装		6 月 19—22 日	6 月 24 日 1：00—7：00	200
54	54	4.5	243.9			6 月 24—26 日	6 月 28 日 15：30—20：30	193
55	55	4.5	248.4	6 月 29 日 J12~J15 安装		6 月 29 日至 7 月 2 日	7 月 3 日 22：00 至 4 日 3：30	183
56	56	4.5	252.9			7 月 4—6 日	7 月 8 日 20：00 至 9 日 1：15	177
57	57	4.5	257.4	7 月 8—9 日 J16~J17 安装		7 月 9—11 日	7 月 13 日 23：30 至 14 日 4：20	174
58	58	4.5	261.9	7 月 16 日 J18~J19 安装	2006 年	7 月 15—18 日	7 月 20 日 6：30—11：15	168
59	59	4.5	266.4	7 月 27 日 J20~J23 安装		7 月 28—30 日	7 月 31 日 0：00 至 8 月 1 日 5：00	165
60	60	4.5	270.9			8 月 2 日	8 月 4 日 3：00—7：30	166
61	61	4.5	275.4	8 月 5 日 J24~J27 安装		8 月 5—7 日	8 月 8 日 2：20—7：30	170
62	62	4.5	279.9			8 月 9—10 日	8 月 12 日 0：00—5：30	163
63	63	4.5	284.4	8 月 18 日 J28~J31 安装		8 月 13—19 日	8 月 20 日 23：30 至 21 日 3：40	158
64	64	4.5	288.9			8 月 22 日	8 月 24 日 2：00—6：40	155
65	65	4.5	293.4			8 月 25 日	8 月 28 日 1：00—4：30	142
66	66	4.5	297.9	9 月 2 日 J32~J34 安装		9 月 1—4 日	9 月 5 日 4：30—9：30	149
67	67	4.1	302			9 月 5—6 日	9 月 9 日 17：00—21：00	137
68	68	1.5	303.5			9 月 11—13 日	9 月 15 日 9：00—13：20	92
		2.5	306			9 月 16—18 日	9 月 19 日 16：30—20：00	70
下横梁	一次	7			2015 年	10 月 19—28 日	11 月 7 日 10：30 至 11 月 8 日 3：30	
	二次	2				11 月 11—19 日	11 月 22 日 9：05 至 23 日 2：30	

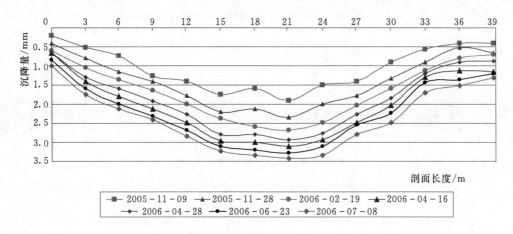

图 7.10　主 4 号墩承台纵桥向剖面差异沉降（相对于承台北侧）

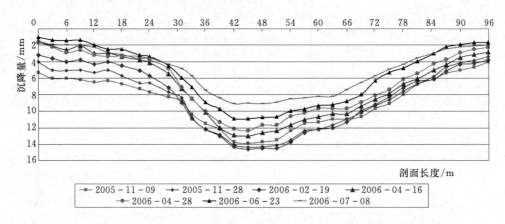

图 7.11　主 4 号墩承台横桥向剖面差异沉降（相对于上游承台上游侧中点）

2. 静力水准观测数据

根据设计方案，为了观测主 4 号墩承台的差异沉降，共布置静力水准观测点 5 个，具体布设方法在 7.2 节已作详细的描述。主 4 号墩上部索塔浇筑过程中（索塔的具体施工工况见表 7.3），主 4 号墩承台差异沉降的观测结果如图 7.12 所示，观测数据整理时，以上游承台西北角测点为参照点。

上游承台上游侧中轴线点和上游承台西南角测点与参照点间的沉降差曲线表明，在索塔浇筑过程中，主 4 号墩承台在纵桥向上几乎不产生差异沉降。系梁区测点与参照点间的沉降差曲线表明，横桥向上存在差异沉降，且 2006 年 3 月 10 日之前，系梁区与上、下游承台间的沉降差逐渐增加，最大沉降差约 8mm；随着下横梁强度和刚度的形成，4 月 15 日之后，此沉降差逐渐减小，至索塔浇筑基本完成时，沉降差约为 2mm。分析图 7.11 和图 7.12 可知，由静力水准系统测到的承台的差异沉降变化规律与剖面沉降仪测得的有很好的一致性。

7.3.3　苏通大桥主 4 号墩承台差异沉降融合算法

上述实测结果表明，剖面沉降和静力水准观测技术可以用于群桩基础的沉降和不均匀

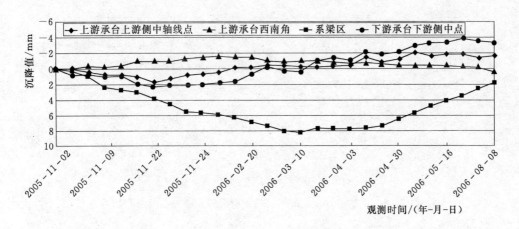

图 7.12 主 4 号墩承台各静力水准点的差异沉降

沉降观测。但观测结果不可避免地受到潮位、温度等环境因素的影响。为了提高观测结果的精度和可靠性，有必要开展多传感器数据融合处理。依据主 4 号墩承台 2005 年 11 月 2 日至 2006 年 8 月 8 日的静力水准实测数据和 2006 年 11 月 9 日至 2006 年 7 月 8 日的剖面沉降实测结果进行两种传感器数据的融合。由于两种传感器的类型不同，所在的平面位置各不相同，并且观测时间和采样频率也有一定的差异，所以，在数据融合时，首要工作就是要对这两种传感器观测数据进行时间上的配准。与静力水准的观测相比，剖面沉降测次较少，故以剖面沉降的观测时间为基准对静力水准进行配准。

选取两种监测仪器共同监测的部位进行计算分析，以上游承台上游侧中轴线测点为参照点，分别得出主 4 号墩承台系梁区和下游承台相对于上游的差异沉降情况，计算得到的数据结果如图 7.13 和图 7.14 所示。

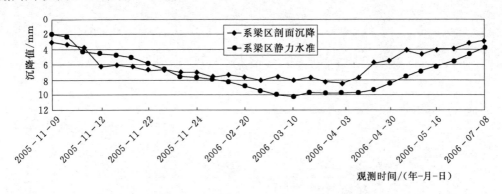

图 7.13 系梁区与上游承台的剖面沉降和静力水准观测结果

1. 剖面沉降和静力水准的小波分层去噪

受潮位、温度等各种环境因素、仪器安装方法、工作环境及数据采集方式等各因素的影响，观测值会产生一定波动，而且不同类型传感器的埋设方法和位置不同，受影响的程度不同。剖面沉降仪观测精度受平面定位精度以及操作方法的影响很大；静力水准系统的水力连通管所处的环境温度变化、通气管的风振都对观测结果产生不确定的、难以修正的

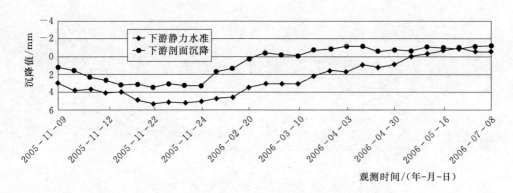

图 7.14 下游承台与上游承台的剖面沉降和静力水准观测结果

影响，在信息融合之前需首先采用小波分层去噪法进行去噪处理。

借助 MATLAB 软件，对各种小波函数去噪效果作了对比，最终选用具有紧支集的正交 Db4 小波对数据进行小波分层去噪处理。由于数据长度较短，故仅对各数据进行 3 层或 4 层分解，小波分解时各层用同一个阈值进行处理。从图 7.15 和图 7.16 中去噪前后的沉降对比曲线可以看出，去噪后的曲线比较光滑，基本消除了噪声影响。

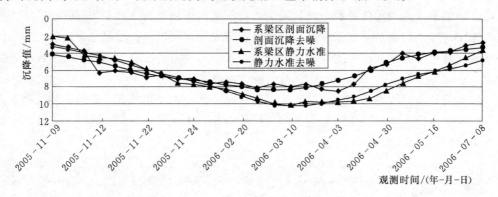

图 7.15 系梁区沉降去噪前后的对比曲线

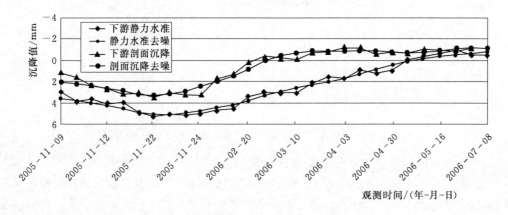

图 7.16 下游承台沉降去噪前后的对比曲线

2. 剖面沉降和静力水准的数据融合

在数据融合前首先需要考虑不同传感器观测结果的可信度和重要性的差异,分析可信度时需要考虑的因素有不同类型传感器的精度和埋设方式。剖面沉降仪观测精度受平面定位精度以及操作方法的影响很大,此外还受沉降管接头的影响;静力水准观测系统现场观测不受施工干扰,观测成果不受气象因素、环境温度、电磁干扰等影响,观测精度稳定性好,且容易进行潮位影响的修正,精度高于剖面沉降观测技术。

针对静力水准观测技术具有"实时高频度和高精度的优点以及测点数量有限的缺点",而剖面沉降观测技术具有"测点数量多的优点以及精度相对较差和测次有限的缺点"的特点,对经过配准和去噪的数据进行融合,以期通过高精度静力水准观测数据提高剖面沉降观测结果的精度,并利用高频度静力水准观测数据采用插值法获得所需时间的剖面沉降观测结果,从而获得多测次、高精度的群桩基础沉降剖面。

综上所述,由于剖面沉降仪和静力水准系统的精度和埋设方式的不同,使两种数据在融合时需要根据数据可信度的高低来赋予不同的权值。对去除噪声后的数据进行基于权最优分配原则的数据融合,融合结果如图 7.17 和图 7.18 所示。

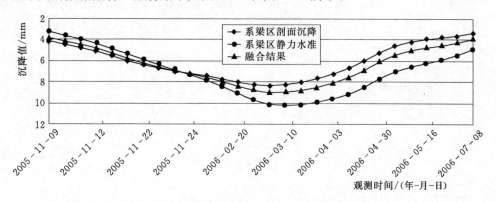

图 7.17 系梁区剖面沉降和静力水准的融合结果

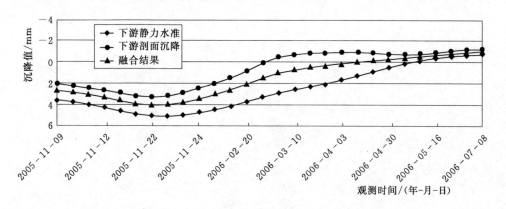

图 7.18 下游承台剖面沉降和静力水准的融合结果

分析图 7.17 所示系梁区融合后的沉降曲线可知,索塔下塔柱和中塔柱浇筑期间,系梁区与上游承台的差异沉降逐渐增大,到 2006 年 3 月 10 日前后,达到的最大沉降差约为

9mm，随着下横梁强度和刚度的形成，索塔上塔柱塔壁和钢锚箱施工期间，该沉降差逐渐减小，至 2006 年 7 月 8 日第 16 节钢锚箱安装时，沉降差约为 4mm。

　　分析图 7.18 下游承台融合后的沉降曲线可知，在整个索塔浇筑期间，下游承台与上游承台的差异沉降逐渐减小，且沉降差较小，在 2005 年 11 月 22 前后，达到的最大沉降差约为 4mm，至首节钢锚箱开始安装，该沉降差在 1mm 左右，测值基本趋于稳定，上、下游承台之间几乎不存在差异沉降。

第8章　模糊推理融合算法在群桩基础安全评判中的应用

模糊逻辑是一种将一空间的输入映射到另一空间输出的一种简单规则，这种映射关系是模糊逻辑一切其他应用的基础和起点。它强调的重点是应用的简单和方便。

模糊推理则是以模糊逻辑为基础的一种不确定性推理，其基本思想就是要用模糊集方法来模拟人的思维和推理过程。

对于多变量、变量关系复杂且难以通过数学模型精确描述的决策问题而言，模糊推理不失为一种很好的应用工具。而超大型群桩基础安全评判模型的建立就是一个用常规方法难以解决的复杂问题。因此，本章将采用模糊推理融合技术对不同子系统所获得的特征向量进行融合决策。其基本原理是利用不同目标的测量结果确定判定因子，通过模糊关联记忆将其模糊化，并用相应的模糊子集表示，同时确定这些模糊子集的隶属函数，使每个因子的输出值对应一个隶属度向量；再使用层次分析法赋予每个因子一个权重，并依据模糊集合理论的演算，将这些隶属度向量进行综合处理；最后将结果清晰化，并计算出非模糊的决策结果，从而获得超大型深水群桩基础安全稳定性的合理评判。

8.1　模糊推理融合算法基本原理

模糊逻辑的推理过程类似于人类的模糊思维、推理和决策方式，但是在具体应用中，标准检测目标和待识别检测目标模糊子集的建立会因为受到各种条件的限制而与实际目标类型有出入，加之其结果往往只对标准检测目标类型敏感，故只适合于实现多元信息的不精确推理。因此目前的研究趋势就是利用模糊决策对信息进行有效划分，并有效地结合其他数据融合算法，完成较为完整的数据融合推理和决策算法。

在超大型深水群桩基础安全监测过程中，为了减少测量误差，提高决策的可靠性，采用了多个异类传感器测量同一目标的不同参数。对这些参数进行不同层次的融合处理，即可得到一个比较准确的测量结果及决策。如用 n 个不同的传感器测量某一真值为 A 的物理参数，得到测量结果 $A_i(i=1,2,\cdots,n)$，再根据 A_i 确定一个最接近真值 A 的估计值 A'，即确定一个可以代替或表示所有 A_i 的 A'。在此基础上，再根据每个确定的 A'，提取特征向量 $B_j(j=1,2,\cdots,m)$，并依据某种融合算法对其进行融合计算，以获取一个确定的决策值 B'。

由于群桩基础安全稳定性本身包含着不清晰的概念或者说没有绝对正确的公理系统作为推理依据。但人们却仍然可以对其进行思维和推理。例如，如果群桩基础承载特性实测结果安全、沉降特性实测结果也是安全的，其他不确定因素的影响程度也在安全要求之内，则判定群桩基础是安全的。可以说此推理过程用到的概念是模糊的，这正是模糊推理的基本思想，即用模糊集方法来模拟人的思维和推理过程。它属于不确定性推理技术，利用它可以解决多传感器的数据融合问题。

为了实现模糊推理算法，首先应建立输入变量 A' 与输出变量 B' 之间的模糊关系；其次，根据某种规则（如 if – then 规则）进行合成推理。除了这两个核心问题外，还需定义过程输入输出变量的功能和操作特性以及相应的隶属函数和模糊集边界，再将得出的模糊推理结果非模糊化，从而得出清晰的推理结果。

融合处理原理框图如图 8.1 所示。

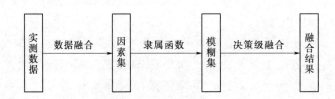

图 8.1　模糊推理融合方法原理框图

8.2　群桩基础安全性判别的基本程序

群桩基础在竖向荷载作用下，由于承台-桩-土的相互作用使其桩侧阻力、桩端阻力、沉降等特性与地质条件和设置方法都相同的独立单桩基础明显不同，其传力机理受土的性质、桩距、桩数、桩径比、成桩方法和施工工艺等因素的影响而变化。因此，为了保证群桩基础，尤其是超长大直径群桩基础的安全稳定性，人们最关心的问题是：在不同工况条件下的荷载-沉降特性、桩身轴力分布特性、桩顶反力分布特性等。此外，群桩基础所处环境的气象因素、水文因素、地震、船撞等不确定因素对其受力特性的影响模式也是不容忽略的问题。因此，如何根据广角度安全监控系统所获取的实测资料来评价群桩基础安全稳定性则是值得深入研究的问题。

苏通大桥深水群桩基础广角度安全监控系统中的多传感器监测系统具有可视范围广、相互之间量测信息互补性强等特点。其中，应力应变传感器可以获取桩的各种应力应变指标；微压及静力水准传感器可以获取沉降变形指标；水压力传感器可以获取河床冲刷深度指标；潮位及温度传感器可以分别获取潮位及温度变化对结构的影响程度。因此，将以上传感器配合使用，再利用数据融合技术融合其量测数据或单一目标状态估计，即可得出群桩基础总目标状态的精确估计。

本节结合苏通大桥群桩基础广角度安全监控成果，在对群桩基础破坏机理及模糊评判指标选取原则综合分析的基础上，建立了群桩基础安全性判别的基本标准及流程，如图 8.2 所示。

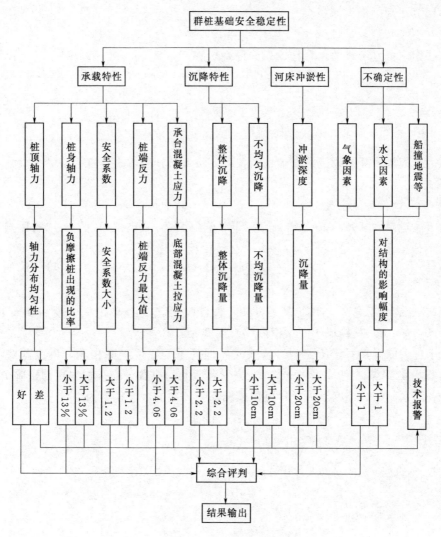

图 8.2 群桩基础安全性判别流程框图

8.3 群桩基础安全评判模型的建立

群桩基础安全监控评判模型就是利用实测数据建立原因量和效应量之间的数学关系，并对其工作状态和安全稳定性做出合理、客观的评判和决策。

由于群桩基础安全稳定性的影响因素很多，影响程度各异，具有很强的不确定性，故采用模糊数学的思想对其建立合理的评判模型。

首先确定两个模糊子集。一个是模糊综合评判对象的关联因素集，即

$$U = (u_1, u_2, \cdots, u_m) \tag{8.1}$$

式中 m——关联因素个数；

u_i——各因素。

单因素评判子集为

$$R_i = (r_{i1}, r_{i2}, \cdots, r_{im}) \tag{8.2}$$

m 个关联因素评判子集的集合构成总的评判矩阵 $\boldsymbol{R}$，即

$$\boldsymbol{R} = \begin{bmatrix} r_{11} & r_{12} & \cdots & r_{1n} \\ r_{21} & r_{22} & \cdots & r_{2n} \\ \vdots & \vdots & \ddots & \vdots \\ r_{m1} & r_{m2} & \cdots & r_{mn} \end{bmatrix} \tag{8.3}$$

另一个模糊子集是模糊综合评判对象的等级决策评判集合，即

$$\boldsymbol{V} = (v_1, v_2, \cdots, v_n) \tag{8.4}$$

式中　　n——评价等级个数。

由于通过单因素判断 $\boldsymbol{R} = (r_{ij})_{m \times n}$，即对单个因素 $u_i(i = 1, 2, \cdots, m)$ 的评判，可以得到 $\boldsymbol{V}$ 上的模糊集 r_{i1}，r_{i2}，$\cdots$，r_{in}，所以它是从 U 到 V 的一个模糊映射，即

$$f : \boldsymbol{U} \rightarrow \zeta(\boldsymbol{V})$$
$$u_i \mid \rightarrow (r_{i1}, r_{i2}, \cdots, r_{in})$$

按文献［242］第 4.1 节定理 1 可知，模糊映射 f 可以确定一个模糊关系 $\boldsymbol{R} \in \mu_{m \times n}$。因此，$(\boldsymbol{U}, \boldsymbol{V}, \boldsymbol{R})$ 就构成了一个模糊评判模型。

由于各关联因素对于所评判事物或其属性的重要程度未必相等，所以需对各因素加权。用 U 上的 F 集 $\boldsymbol{A} = (a_1, a_2, \cdots, a_m)$ 表示各因素的权数分配，它与评判矩阵 $\boldsymbol{R}$ 的合成，就是对各因素的综合评判。因此，可得模糊综合评判的数学模型为

$$\boldsymbol{B} = \boldsymbol{A} \cdot \boldsymbol{R} \tag{8.5}$$

式中　　　　　　　$\boldsymbol{A} = (a_1, a_2, \cdots, a_m)$

$$\sum_{i=1}^{m} a_i = 1 \quad (a_i \geqslant 0)$$

$$\boldsymbol{R} = (r_{ij})_{m \times n}, r_{ij} \in [0, 1]$$

$$\boldsymbol{B} = (b_1, b_2, \cdots, b_m), b_j = \sum_{i=1}^{m} a_i r_{ij} \quad (j = 1, 2, \cdots, m)$$

苏通大桥超大型群桩基础广角度安全监控系统监测内容丰富，获得了大量的实测数据。据此，采用以上模型对群桩基础安全稳定性进行综合评价。

首先考虑建模过程的系统全面性、简明科学性、相对独立性及灵活可操作性原则，根据国家标准、行业规范以及已有的研究与实践经验，确定出评价群桩基础安全稳定性的因素集 $\boldsymbol{U} = \{u_1, u_2, u_3, u_4, u_5, u_6, u_7, u_8, u_9\}$ 和评判集 $\boldsymbol{V} = \{v_1, v_2, v_3, v_4\}$。其中，因素集因子分别为测点异常率、基桩负摩擦、桩顶轴力分布的不均匀性、群桩基础整体沉降及差异沉降、桩端反力因子、承台混凝土应力因子、基桩安全系数大小及不确定因素（包括潮位、日照辐射、季节性温度变化等）；而评判集则根据监控系统的观测成果以及群桩基础的稳定性特征定义为非常安全（指安全储备高）、安全（指安全储备能够满足规范的设计要求）、预警（指安全储备不满足规范的设计要求）和技术报警。其次，确定隶属函数，它建立了模糊信号与精确数学表达之间的联系，是模糊集合的特征函数；最后，采用层次分析法构建模糊判断矩阵，并通过最优决策融合获得评判结果。

本章通过因素集的不同组合分别建立群桩安全评判模型、承台安全评判模型、群桩基础（桩＋承台）安全评判模型等3种安全模型来进行评判，以起到相互印证、相互补充评判的效果。

8.3.1 数值模拟在群桩基础评判标准确定中的应用

群桩基础安全稳定性评判决策中各因子评判标准边界的确定是保证其模型正确构建的关键环节。由于安全监测系统无法测得这种警戒值，因此，采用数值模拟方法，依据上部结构受力特点及使用要求来寻求最佳警戒值是比较有效的方法。本小节将利用 ABAQUS 软件对超大型深水群桩基础成桥后的基桩轴力不均匀性和差异沉降警戒值进行反演确定。

1. 轴力分布不均匀性因子警戒值的确定

苏通大桥主塔墩群桩基础在竖向荷载作用下，承台、桩间土、桩端土共同工作，相互影响，群桩的工作性状趋于复杂。尤其是桩顶轴力，将随着承台荷载的变化重新分布，且不同位置桩侧摩阻力和桩端阻力的发挥并不同步，因此，为了保证预测结果的可靠性，考虑用处于对称位置桩的桩顶轴力不均匀系数作为桩顶轴力分布不均匀因子的评判因子，并利用数值模拟计算得出的结果作为评判的警戒值。

（1）模型的建立。该模型计算范围包括承台及群桩的自由段部分，考虑到结构及受力条件的对称性，取其 1/2 模型进行研究。模型尺寸与实际尺寸一致（1/2 承台平面尺寸为 56.875m×48.10m），承台底面标高为－12m。基桩根据面积等效即刚度等效的方法简化为方柱，边长为 2.48m。

对称面的边界条件为 $u_x = ur_y = ur_z = 0$；群桩底部的边界采用全约束。索塔及上部结构荷载以力的形式施加在承台上，工况为成桥后。荷载可等效为垂直于承台表面的均布力、东西向弯矩及南北向弯矩（因纵桥向弯矩对警戒值的判断不会产生影响，故取纵桥向弯矩为 0）。均布力大小为 5.69×10^6 Pa，横桥向弯矩为 2.57×10^8 N·m。

以垂直于桥轴线方向为 x 轴，东为正；纵桥向方向为 y 轴，北为正；垂向为 z 轴，上为正。承台在标高－2.4m 以下采用修正的六面体单元，－2.4m 以上部分由于其形状不规则，采用四面体单元，基桩采用六面体单元。其有限元模型如图 8.3 所示。

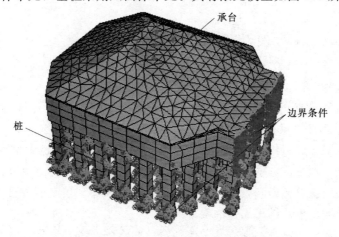

图 8.3 群桩基础有限元模型

（2）计算参数选取。模拟时基桩和承台都采用弹性模型模拟，并将主要钢筋参数按体积等效弥散到混凝土中。桩的弹性模量为 35.6GPa，泊松比为 0.167，重度取 24kN/m³。承台各部分参数则见表 8.1。

表 8.1　　　　　　　　　　　承台各部分参数统计表

分　层	高程 /m	厚度 /m	弹性模量 /GPa	泊松比	重度 /(kN/m³)
封底	−10～−7.0	3.0	28.5	0.200	24
第一层（含七层钢筋）	−7.0～−4.7	2.3	纵桥向 36.8 横桥向 39.8	0.167	29.9
第二层	−4.7～−2.4	2.3	31.5	0.167	24
第三层	−2.4～−0.4	2.0	31.5	0.167	24
第四层	−0.4～2.6	3.0	31.5	0.167	24
第五层	2.6～6.324	3.724	31.5	0.167	24

注　承台表层钢筋也弥散到混凝土中，本书未列出。

（3）警戒值的确定。由于群桩基础安全监控系统的各个响应量无法直接测得警戒值，而承台、桩、土存在共同作用，对于整个群桩基础来说，其真实的响应对于上部结构、承台、桩、地基都是统一的。因此，理论上，当群桩基础受到外荷载作用时，如果塔根处产生的拉应力达到了其抗拉强度，群桩基础就达到了警戒状态。模拟计算过程中，不断增加东西向弯矩，直到承台顶面（塔根处）出现拉应力，此时，上部荷载偏心达到索塔结构的极限状态，群桩基础也达到警戒状态。

为了能够获取群桩基础达到警戒状态的量化指标，定义承台桩顶轴力最大值（或最小值）与平均值的差比上平均值为轴力不均匀性系数，取两者之间最大值即可作为轴力分布不均匀性因子的警戒值。

$$\delta = \max \left\{ \frac{N_{max} - \overline{N}}{\overline{N}}, \frac{N_{min} - \overline{N}}{\overline{N}} \right\} \tag{8.6}$$

式中　δ——轴力分布不均性因子；

　N_{max}——承台桩顶轴力最大值，kN；

　N_{min}——承台桩顶轴力最小值，kN；

　$\overline{N}$——承台桩顶轴力平均值，kN。

通过计算得到警戒值为 0.35。图 8.4 所示为最终的基桩轴力云图。

2. 差异沉降因子警戒值的确定

苏通大桥索塔上部结构是高耸倒 Y 形双塔肢结构，塔墩属超大型深水群桩基础，受力条件非常复杂，加之河床不均匀冲刷等因素的影响，导致基础出现差异沉降。而差异沉降将对索塔受力产生重要影响，导致差异沉降加剧。因此，在安全预测过程中，差异沉降因子被确定为评判群桩基础可靠性的决策因子。

（1）模型的建立。该模型计算范围包括承台和索塔，考虑到受力条件的不对称性，采用整体模型，模型尺寸与实际尺寸一致，承台尺寸为 113.75m×48.10m，索塔高度为

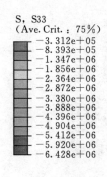
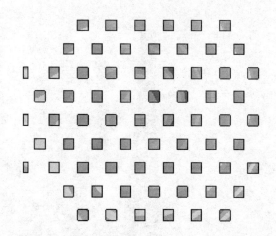

图 8.4 基桩轴力云图

300.6m。承台底面标高为－12m，采用全约束边界。考虑到整个结构的复杂性，模型做了以下概化处理：①承台及索塔材料参数均按同质材料选取，其中钢筋的参数按体积等效原则弥散到混凝土中；②将各个索力以集中力的形式施加在索塔的相应位置。

以垂直于桥轴线方向为 x 轴，东为正；纵桥向方向为 y 轴，北为正；而垂向为 z 轴，以上为正。整个模型采用四面体单元，共划分 32144 个单元，有限元模型如图 8.5 所示。

（2）计算参数选取。承台和索塔都采用弹性模型，通过概化处理得到的参数见表 8.2。

表 8.2   参 数 统 计 表

结构	弹性模量/GPa	泊松比	重度/(kN/m³)
承台	33	0.17	24
索塔	50	0.30	25

（3）警戒值的确定。由于苏通大桥属于超出规范建设的超大型工程，且缺乏相应工程经验进行借鉴，在工程建设过程中，主要以工程安全储备要求控制其沉降变形问题。为了能够对超大型群桩基础进行安全预测，考虑以差异沉降因子警戒值作为安全预测的控制指标之一。由于差异沉降对上部结构的影响是通过高耸结构基础的倾斜进行控制。因此，旋转索塔使其倾斜，当索塔混凝土结构出现受拉状况时，达到倾斜极限状态，计算此时承台的差异沉降，即可确定差异沉降的警戒值。具体做法是：首先确定索塔的旋转方式（横桥向或纵桥向），再通过旋转模型来调整承台的倾斜角度，调整过程中角度由小变大，直到索塔混凝土表面出现拉应力为止（图 8.5），最后，利用此时的倾斜角计算承台的相对沉降。模拟结果显示，当上部结构混凝土受拉时，模型横桥向和纵桥向对应的倾斜角分别为 1.1°和 0.35°，差异沉降分别为 130cm 和 30.2cm。考虑结构受力的复杂性和不确定性，取安全系为 2，得到差异沉降值分别为 65cm 和 15cm，《建筑地基基础设计规范》（GB 50007—2011）规定，高耸结构（200m＜H≤250m）基础的倾斜不得超过 0.002，基础沉降量不得超过 20cm。综合模拟结果以及规范的规定，确定警戒值为 15cm。

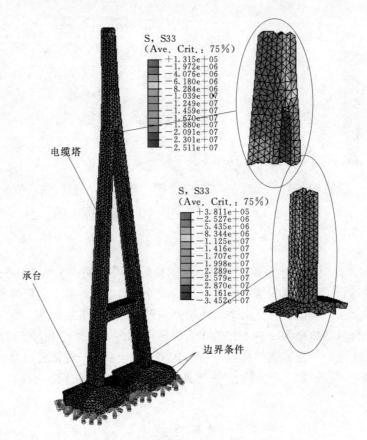

S, S33
(Ave. Crit. : 75%)
+1.315e+05
-1.972e+06
-4.076e+06
-6.180e+06
-8.284e+06
-1.039e+07
-1.249e+07
-1.459e+07
-1.670e+07
-1.880e+07
-2.091e+07
-2.301e+07
-2.511e+07

S, S33
(Ave. Crit. : 75%)
+3.811e+05
-2.527e+06
-5.435e+06
-8.344e+06
-1.125e+07
-1.416e+07
-1.707e+07
-1.998e+07
-2.289e+07
-2.579e+07
-2.870e+07
-3.161e+07
-3.452e+07

电缆塔

承台

边界条件

图 8.5　群桩基础及索塔网格及云图

8.3.2　因素集的确定

超大型群桩基础传力机理不仅受土的性质、桩距、桩数、桩径比、成桩方法和施工工艺等因素影响，群桩基础所处环境的气象因素、水文因素、地震、船撞等不确定因素对其受力特性的影响模式也不容忽略。因此在安全监控评判模型构建过程中，将影响因素归纳为 11 个（图 8.2），并在此基础上按照实测数据的特征及评判要求，将因素集确定为以下 8 个因子。

（1）异常率因子。通常情况下，结构变形的破坏不会仅限于孤立的点，而是有一定的范围，即在潜在破坏面上各测点的响应具有一定的"裙带"关系（故非单点原则也称裙带性原则）。所以，在异常值分析时，相邻测值的比较非常必要。若是孤立的异常，尤其是孤立的大异常值，则多属差错异常。鉴于此，异常率因子 u_1 可以根据异常测点占总测点的比率来定。该比率越大，说明基础的安全性越差。

（2）负摩擦因子。对于摩擦型大型群桩基础来说，桩身产生负摩阻力对群桩基础安全稳定性的影响非常大。对于深水群桩基础，为了满足钻孔施工和桩身混凝土浇筑的要求而需要设置钢护筒，且为了满足在船撞和地震条件下的水平承载力和整体稳定性的要求，钢护筒被保留为永久的受力构件。对于深水高桩承台基础，钢套箱只能以钢护筒作为支撑，故钢套箱及其封底混凝土、承台底层钢筋及首层混凝土的巨大荷载均需由钢护筒传递给灌注桩和桩周土，由此灌注桩的中上部可能承受负摩擦力作用。此外，河床防护层也导致群桩基础的受力更加复杂。

然而，负摩擦的存在对于群桩基础的承载机理来说是一种反常现象，这种反常也是群桩基础的一种不稳定因素。摩擦桩桩段产生负摩擦导致桩身受拉或者摩擦失效，这就使得群桩基础荷载分摊的桩数大打折扣。当桩数的折减度大于群桩基础设计安全储备时，群桩基础就处于破坏或者临界破坏状态。因此用这个折减度作为负摩擦因子的评判因素 u_2，而用群桩基础设计时的安全储备度作为评判的警戒值。

（3）轴力分布不均匀性因子。苏通大桥主塔墩承台尺寸规模很大，纵桥向索塔截面抗弯刚度较小，截面抗弯性差，荷载的偏心容易产生上部结构混凝土部分受拉或者破坏。而桩顶轴力分布正是这种荷载偏心的直接表现。由于承台的结构特性及地基特性，在群桩基础不受偏心作用时，理论上说，桩顶轴力由中心桩到边桩是按一定梯度分布的，即处于对称位置的桩，其桩顶轴力状况应该相同。因此，用处于对称位置桩的桩顶轴力不均匀系数作为桩顶轴力分布不均匀因子的评判因素 u_3 [不均匀系数 $\alpha = (N_{max} - N_{平均})/N_{平均}$]，而利用数值模拟计算得出的结果（索塔混凝土产生拉应力时，其重心偏移产生的轴力不均匀系数）作为评判的警戒值。

（4）沉降因子（包括差异沉降因子及整体沉降量因子）。对于一般建筑来说，结构的极限承载力已经不是工程师们十分关注的问题，而正常使用要求的满足程度却越来越受重视。如高速铁路对路基的沉降要求、视觉效果对高层建筑结构顶部水平位移的要求等。桥梁和高速公路对基础的沉降要求限定往往是通过正常使用要求来控制的，过大的基础沉降会导致路面的不平整，影响车辆行驶的舒适度。

差异沉降会对高耸建筑物产生 $P-\Delta$ 效应，结构的偏心荷载对基础产生的附加弯矩，导致差异沉降加剧。本模型的差异沉降因子采用承台的倾斜角度来评判，以索塔塔根处受拉时产生的倾斜角作为警戒值。假设索塔刚性，承台倾斜角就等于索塔的倾斜角，根据实测的承台各点沉降值换算成倾斜角作为大桥实测倾斜角作为差异沉降因子的评判因素 u_4。

根据苏通大桥的使用要求，成桥后承台整体沉降限定值为 10cm，所以将该值确定为整体沉降因子 u_5 的警戒值。

（5）桩端反力因子。对于超大型深水群桩基础来说，超长、大直径摩擦桩的桩端反力基本上不计入承载力的计算范畴，但是对群桩基础进行安全评价时，则应考虑桩端反力，且其值不超过该地层的承载能力。因此，将桩端反力的实测值作为评判因子 u_6 进行安全评价。

北主塔塔墩桩底为中粗砾砂层，经过基础宽度和深度修正后承载力特征值为 5.08MPa，扣除自重应力，其所能承载的最大附加应力为 4.06MPa，故将其作为桩端反力因子的警戒值。

（6）承台混凝土应力因子。根据承台受力机理，底部混凝土部分受拉时，其拉应力主要由承台内部钢筋承受，但钢筋的最大缺点就是锈蚀，因此这就要求底部混凝土不能出现拉裂缝。根据承台内部布设的钢筋计，可以实测出钢筋的应力，再根据应变协调原则，可推出承台混凝土拉应力，根据混凝土拉应力的大小可以判别出混凝土是否被拉裂。因此，将承台底部混凝土拉应力作为评判因子 u_7。其警戒值的确定可以采用《混凝土结构设计规范》（GB 50010—2015）C35 混凝土轴心抗拉强度标准值。

（7）安全指标因子。对于超大型深水群桩基础来说，设计中的安全系数是根据结构的重要性系数来确定的安全裕度，用来应对那些不确定因素所造成的不利影响。苏通大桥的群桩基础的设计安全系数为 1.2，本模型采用根据实测的桩基荷载并利用等代墩模型计算出的承载力来确定实际的安全系数，作为安全系数的评判因子 u_8。

（8）不确定因子（包括潮位、日照辐射、季节性温度变化及河床冲刷等）。由于大型桥梁的结构庞大复杂，因此环境因素等不确定因子对其的叠加作用比较明显，从而会影响群桩基础的安全稳定性。鉴于此，结合实测数据分析结果，利用消噪前后数据序列观测值增量波动曲线，计算其相对变化量，从而确定因子 u_9。其警戒值则选取其中的最大绝对值。

综上所述，建立群桩基础安全评价因素等级划分及评判标准，其中各指标判定标准见表 8.3。

表 8.3　　　　　　　　　　　　群桩基础安全性指标划分标准

因　素	v_1	v_2	v_3	v_4
异常率 u_1	0	$1\sim33n\%$	$33n\%+1\sim66n\%$	$66n\%+1\sim n$
负摩擦因子 u_2	$0\sim5\%$	$5\%\sim8\%$	$8\%\sim13\%$	$13\%\sim1$
桩顶轴力 u_3	$0\sim0.2$	$0.2\sim0.35$	$0.35\sim1$	>1
差异沉降 u_4	$0\sim5$	$5\sim10$	$10\sim20$	>20
整体沉降 u_5	$0\sim4$	$4\sim8$	$8\sim10$	>10
桩端反力 u_6	$0\sim2$	$2\sim2.82$	$2.82\sim4.06$	>4.06
承台混凝土 u_7	$0\sim1$	$1\sim1.57$	$1.57\sim2.20$	>2.20
安全系数 u_8	$2\sim1.4$	$1.4\sim1.2$	$1.2\sim1$	$1\sim0$
不确定因子 u_9	$0\sim0.2$	$0.2\sim0.6$	$0.6\sim1$	>1

8.3.3　隶属函数的确定

模糊推理的关键特性之一是指标间的不可公度性，即各个指标之间没有统一的度量标准，难以比较。因此，模糊集隶属函数的确定非常重要。然而，隶属函数的确定极其复杂，迄今为止，还没有可靠的理论作为依据，人们往往是根据具体的研究对象采取一定的统计推断得到[243,244]。常用的方法有模糊统计法、三分法、F 分布及其他方法（如专家经验法、推理法、二元对比排序法等）。

本书针对变量的不同特点，采用 F 分布中的矩形分布和正态分布构造各因子的隶属函数。

（1）对于因素 u_1，采用矩形分布确定，其隶属函数为

$$u_1(u_{1j}) = \begin{cases} 0 & (u_{1j} \notin R_{1j}) \\ 1 & (u_{1j} \in R_{1j}) \end{cases} \tag{8.7}$$

式中　R_{1j}——对应于安全评判等级中各因子的取值域。

（2）对于其他各因子，采用正态分布构造，其隶属函数为

$$u_i(u_{ij})=\mathrm{e}^{-\left(\frac{x_i-m_{ij}}{\sigma_{ij}}\right)^2}$$

式中　$x_i(i=2,3,\cdots,9)$——对应于因子 $u_i(i=2,3,\cdots,9)$ 的实测值；

　　　　m_{ij}——对应于评判集 $V=(v_1,v_2,v_3,v_4)$ 值域的平均值（$i=2,3,\cdots,9；j=1,2,3,4$）；

　　　　σ_{ij}——对应于评判集 $V=(v_1,v_2,v_3,v_4)$ 值域的方差。

其中，m_{ij}、σ_{ij} 可按式（8.8）、式（8.9）计算，即

$$m_{ij}=\frac{a_{ij}+a'_{ij}}{2} \tag{8.8}$$

$$\sigma_{ij}=\frac{a_{ij}-a'_{ij}}{1.665} \tag{8.9}$$

式中　a_{ij}——对应于评判集 $\boldsymbol{V}=(v_1,v_2,v_3,v_4)$ 值域的上限值；

　　　　a'_{ij}——对应于评判集 $\boldsymbol{V}=(v_1,v_2,v_3,v_4)$ 值域的下限值。

8.3.4　权重集的确定

确定各评价因素在群桩基础安全稳定性评价中所起作用的大小或重要程度（权重）是数据融合的关键，主要方法有专家直接经验法、调查统计法、数理统计法及层次分析法等，在此采用层次分析法（AHP 法）[245]。

层次分析法是 20 世纪 70 年代由美国运筹学教授 T. L. Saaty 提出的确定权向量行之有效的方法，其基本原理是根据问题的性质和要达到的总目标，将问题分解为不同的组成因素，并按照因素间的相互关联影响以及隶属关系将各因素按不同层次聚集组合，形成一个多层次的分析结构模型，从而使问题归结为最低层相对于最高层的相对重要权值的确定或相对优劣次序的排定。

运用层次分析法构造系统模型时，大体可以分为以下 4 个步骤。

（1）建立层次结构模型。将决策的目标、考虑的因素和决策对象按它们之间的相互关系分为最高层（指决策的目的、要解决的问题）、中间层（考虑的因素、决策的准则）和最低层（对于相邻的两层，称高层为目标层，低层为因素层）。

（2）构造判断矩阵。判断矩阵表示本层所有因素针对上一层某一个因素的相对重要性比较。其元素 a_{ij} 用 Santy 的 1～9 标度法给出。

（3）层次单排序及其一致性检验。计算每个判断矩阵的最大特征值及对应的特征向量，利用一致性指标、随机一致性指标和一致性比率做一致性检验。若检验通过，特征向量（需归一化）即为权向量；若不通过，则需重新构造判断矩阵。

其中，一致性指标为 $\mathrm{CI}=\dfrac{\lambda-n}{n-1}$，其值越大，表明判断矩阵偏离完全一致性的程度越大；值越小，表明判断矩阵越接近于完全一致性。随机一致性比率为 RI（Saaty 的结果见表 8.4）；一致性比率为 $\mathrm{CR}=\dfrac{\mathrm{CI}}{\mathrm{RI}}$。

一般地，当一致性比率 CR<0.1 时，认为判断矩阵的不一致程度在允许范围之内，有满意的一致性，通过一致性检验。可用其归一化特征向量作为权向量；否则需要对 a_{ij} 加以调整，并最终通过一致性检验。

表 8.4　　　　　　　　　　　　　　　随机一致性指标取值 RI 表

n	3	4	5	6	7	8	9	10	11
RI	0.58	0.90	1.12	1.24	1.32	1.41	1.45	1.49	1.51

（4）层次总排序及其一致性检验。计算最下层对最上层总排序的权向量。

利用总排序一致性比率

$$CR = \frac{a_1 CI_1 + a_2 CI_2 + \cdots + a_m CI_m}{a_1 RI_1 + a_2 RI_2 + \cdots + a_m RI_m} \tag{8.10}$$

进行检验。若 CR<0.1，则可按照总排序权向量表示的结果进行决策；否则需要重新考虑模型或重新构造那些一致性比率 CR 较大的判断矩阵。

通过对承台、桩及群桩基础不同影响因子进行分析，构造以下判断矩阵，即

$$S_{承台} = \begin{bmatrix} 1 & 5 & 9 & 7 & 4 & 3 \\ 1/5 & 1 & 2 & 1 & 1 & 1/2 \\ 1/9 & 1/2 & 1 & 1 & 1/2 & 1/3 \\ 1/7 & 1 & 1 & 1 & 1/2 & 1/2 \\ 1/4 & 1 & 2 & 2 & 1 & 1 \\ 1/3 & 2 & 3 & 2 & 1 & 1 \end{bmatrix}$$

$$S_{桩} = \begin{bmatrix} 1 & 4 & 5 & 2 & 2 & 3 \\ 1/4 & 1 & 1 & 1/2 & 1/2 & 1 \\ 1/5 & 1 & 1 & 1/2 & 1/2 & 1/2 \\ 1/2 & 2 & 2 & 1 & 1 & 2 \\ 1/2 & 2 & 2 & 1 & 1 & 2 \\ 1/3 & 1 & 2 & 1/2 & 1/2 & 1 \end{bmatrix}$$

$$S_{群桩基础} = \begin{bmatrix} 1 & 4 & 5 & 9 & 7 & 2 & 3 \\ 1/4 & 1 & 2 & 4 & 3 & 1/2 & 1 \\ 1/5 & 1/2 & 1 & 2 & 1 & 1/2 & 1/2 \\ 1/9 & 1/4 & 1/2 & 1 & 1 & 1/4 & 1/3 \\ 1/7 & 1/3 & 1 & 1 & 1 & 1/3 & 1/2 \\ 1/2 & 2 & 2 & 4 & 3 & 1 & 2 \\ 1/3 & 1 & 2 & 3 & 2 & 1/2 & 1 \end{bmatrix}$$

其中：承台评价因子包括 $U = \{u_1, u_3, u_4, u_5, u_7, u_9\}$，即测点异常率、桩顶轴力分布的不均匀性、整体沉降及差异沉降、承台混凝土应力因子及不确定因素；桩评价因子包括 $U = \{u_1, u_2, u_3, u_6, u_8, u_9\}$，即测点异常率、基桩负摩擦、桩顶轴力分布的不均匀性、桩端反力因子、基桩安全系数大小及不确定因素；群桩基础评价因子包括 $U = \{u_1, u_2, u_3, u_4, u_5, u_8, u_9\}$，即测点异常率、基桩负摩擦、桩顶轴力分布的不均匀性、群桩基础整体沉降及差异沉降、基桩安全系数大小及不确定因素。

$S_{承台}$ 的最大特征值为 6.5078，$CR = \dfrac{6.5078 - 6}{5 \times 1.24} = 0.0819 < 0.1$，满足相容性条件。该特征值对应的特征向量通过归一化处理后得到的权向量 $A_{承台}$ 为

$$\boldsymbol{A}_{承台} = (0.7068, 0.1788, 0.1571, 0.5205, 0.3576, 0.2120)$$

$\boldsymbol{S}_{桩}$ 的最大特征值为 6.0633，$\mathrm{CR} = \dfrac{6.0633 - 6}{5 \times 1.24} = 0.0102 < 0.1$，满足相容性条件。该特征值对应的特征向量通过归一化处理后得到的权向量 $\boldsymbol{A}_{桩}$ 为

$$\boldsymbol{A}_{桩} = (0.8967, 0.1769, 0.1050, 0.1322, 0.2299, 0.2887)$$

$\boldsymbol{S}_{群桩基础}$ 的最大特征值为 7.102，$\mathrm{CR} = \dfrac{7.102 - 7}{6 \times 1.32} = 0.0129 < 0.1$，满足相容性条件。该特征值对应的特征向量通过归一化处理后得到的权向量 $\boldsymbol{A}_{群桩基础}$ 为

$$\boldsymbol{A}_{群桩基础} = (0.3902, 0.1293, 0.0717, 0.0417, 0.0551, 0.1917, 0.1203)$$

8.4 超大型深水群桩基础安全稳定性综合评判

苏通大桥主 4 号墩群桩基础广角度安全监控系统针对不同目的布设了近千个监测点。其中基桩轴力测点 765 个；沉降变形测点 9 个、剖面 3 条；河床冲淤测点 12 个。

根据成桥后实测结果，运用统计方法，取具有 95% 置信度的最佳估计值作为因子实际值进行模糊评判。

将各因子按 8.3.3 小节构造的隶属函数计算每个因素的隶属度向量，结果如下。

（1）异常率因子 u_1 隶属度向量为 $(0, 1, 0, 0)$。

（2）负摩擦因子 u_2 隶属度向量为 $(0.97, 0.02, 0.01, 0)$。

（3）桩顶轴力因子 u_3 隶属度向量为 $(0.93, 0.04, 0.03, 0)$。

（4）差异沉降因子 u_4 隶属度向量为 $(0.95, 0.04, 0.01, 0)$。

（5）整体沉降因子 u_5 隶属度向量为 $(0.01, 0.92, 0.07, 0)$。

（6）桩端反力因子 u_6 隶属度向量为 $(0.88, 0.074, 0.046, 0)$。

（7）承台混凝土应力因子 u_7 隶属度向量为 $(0.94, 0.05, 0.01, 0)$。

（8）安全系数因子 u_8 隶属度向量为 $(0.92, 0.05, 0.01, 0)$。

（9）不确定因子 u_9 隶属度向量为 $(0.01, 0.63, 0.35, 0)$。

将权重集特征向量与上面确定的评价指标隶属度向量形成的评判矩阵相乘，即可得到融合后的结果向量：

$$\boldsymbol{B}_{承台} = (0.16, 0.63, 0.20, 0.01)$$
$$\boldsymbol{B}_{桩} = (0.36, 0.48, 0.15, 0.01)$$
$$\boldsymbol{B}_{群桩基础} = (0.27, 0.54, 0.17, 0.03)$$

根据最大隶属度原则，最大隶属度所对应的等级即为群桩基础安全稳定性评价等级。由于"非常安全"与"安全"都为安全范畴，故 $b_{承台\max} = 0.63 + 0.16 = 0.79$，$b_{桩\max} = 0.48 + 0.36 = 0.84$，$b_{群桩基础\max} = 0.54 + 0.27 = 0.81$。由此可见，群桩基础评判中承台、桩、群桩基础"安全"所占的比例均比较高，并且都集中在 0.8 左右，说明苏通大桥群桩基础处于安全状态。

参 考 文 献

［1］ 桩基工程手册编写委员会. 桩基工程手册［M］. 北京：中国建筑工业出版社，1997.

［2］ 邓友生，龚维明，李卓球. 超长大直径群桩荷载传递特性研究［J］. 公路，2007（11）：17－20.

［3］ 王忠福，刘汉东，贾金禄，等. 大直径深长钻孔灌注桩竖向承载力特性试验研究［J］. 岩土力学，2012，33（9）：2663－2670.

［4］ 章为民，王年香. 苏通长江公路大桥主桥索塔群桩基础与土体共同作用离心模型试验研究报告［R］. 南京水利科学研究院，2004.

［5］ 王年香，章为民. 大型超深基础离心模型试验研究报告［R］. 南京水利科学研究院，2002.

［6］ 蒋建平，章杨松，高广运，等. 大直径超长灌注桩弹塑性有限元分析［J］. 力学季刊，2006，27（2）：354－358.

［7］ 闫静雅，张子新，黄宏伟，等. 大直径超长钻孔灌注桩荷载传递分析［J］. 同济大学学报（自然科学版），2007，35（5）：592－596.

［8］ 东南大学土木工程学院. 苏通大桥试桩工程试验报告［R］. 南京：东南大学土木工程学院，2003.

［9］ 石名磊，邓学钧，刘松玉. 大直径钻孔灌注桩桩侧极限摩阻力研究［J］. 建筑结构，2003，33（11），13.

［10］ 黄生根，龚维明. 苏通大桥一期超长大直径试桩承载特性分析［J］. 岩石力学与工程学报，2004，23（19）：3370－3375.

［11］ 陈志坚. 江阴大桥南塔墩地基基础安全监控模型［J］. 岩土工程技术. 2001（1）：41－44.

［12］ 陈志坚. 大跨径悬索桥地基基础安全监控模型的研究思路及技术路线［J］. 中国工程科学，2002，4（6）：20－24.

［13］ 刘大伟. 超大型深水群桩基础受力分析与安全监控模型研究［D］. 河海大学硕士学位论文，2006.

［14］ Meyerhof G G. Some Problems in Predicting Behavior of Bored Pile Foundation［C］. Proc. 1th International Geotechnical Seminar on Deep Foundation on Bored and Anger Piles，1988：134－144.

［15］ Rybnikov A M. Experimental Investigation of Bearing Capacity of Bored－case－in－place Tapered Piles［J］. Soil Mechanics and Foundation Engineering，1990，27：48－51.

［16］ EI. Sharnouby B，Novak M. Stiffness Constants and Interaction Factors for Vertical Response of Pile Groups［J］. Can，Geotech，1990，27：813－822.

［17］ Charles W W Ng，Terence L Y Yau，Journal H M Li，et al. Side Resistance of Large Diameter Bored Piles Socketed into Decomposed Rock［J］. Journal of Geotechnical and Geoenvironmental Engineering，2001，127（8）：642－657.

［18］ Davydov G D，Chumakov I S. Experience of Using Bored Situ－cast Piles in the UKRAINE［J］. Dnepropetrovsk. Translated from Osnovaniya，Fundamenty i Mekhanika Grunter，No. 6，pp. 14－16，November－December，1972.

［19］ Obodovskii A A，Eo Khanin R. On Using Large Dlameter Cast－in－Situ Bored Piles［J］. Translated from Osnovaniya，Fundamenty i Mekhanika Gruntov. 1970（3）：21－23.

［20］ Yu G. Trofimenkov，Obodovski A A. Area of Effective use of Bored Situ－cast Piles［J］. Translated from Osnovaniya，Fundamenty i Mekhanika Gruntov，1972（6）：19－20.

[21]　Kirillov A P，Tolkachev L A，Ermoshkin P M．Increase of the Bearing Capacity of Bored Situ－Cast Piles．Translated from Gidrotekhnicheskoe Stroitel'stvo，1983，7：27－29．

[22]　Cherubini C，Giasi C I，Lupo M．Interpretation of load tests on bored piles in the city of Matera [J]．Geotechnical and Geological Engineering，2005（23）：349－364．

[23]　Kim T－H，Cha K－S．A Study on Characteristics of an In－Situ Pile Using Pulse Discharge Technology I：Expansion Characteristics of Ground．KSCE Journal of Civil Engineering，2008，12（5）：289－295．

[24]　Hongbo Zhou H B，Chen Z C．Analysis of effect of different construction methods of piles on the end effect on skin friction of piles [J]．Frontiers of Architecture and Civel Engineering in China，2007，1（4）．

[25]　Steve J．Hodgetts，Brendan C．O'Kelly，Matthew J．Raybould．Stabilisation of the Stanton Lees Landslip Using an Embedded Pile Retaining Wall．Geotech Geol Eng，2007（25）：705－715．

[26]　AZM S．AL－Homoud，Fouad T，Mokhtar A．Comparison between measured and predicted values of axial end bearing and skin capacity of piles bored in cohesionless soils in the Arabian Gulf Region．Geotechnical and Geological Engineering，2003（21）：47－62．

[27]　Zhao C F，Xu C，Jiao C M．Reliability Analysis on Vertical Bearing Capacity of Bored Pile Determined by CPT Test．Y．Shi et al．（Eds．）：ICCS 2007，Part Ⅲ，LNCS 4489，2007，1197－1204．

[28]　何剑．金朱大桥钻孔灌注桩施工介绍 [J]．中国水运，2007，5（7）：71－73．

[29]　黄炳章．东海大桥海上大直径钻孔灌注桩成孔技术 [J]．广州建筑，2007（4）：38－40．

[30]　许志兵，刘雄．生米大桥钻孔灌注桩施工技术 [J]．葛洲坝集团科技，2006（3）：21－23．

[31]　梅子广，黄生根，郝世龙．超长大直径钻孔灌注桩施工质量控制 [J]．施工技术，2013，42（1）：54－58．

[32]　程晔，龚维明，薛国亚．南京长江第三大桥软岩桩基承载性能试验研究 [J]．土木工程学报，2005，38（12）：94－98．

[33]　黄明．复杂地质条件下钻孔扩底灌注桩在高层建筑基础中的应用 [J]．建筑施工，2006，28（12）：964－966．

[34]　胡志华，邓建，陈博．气举反循环在天津周大福金融中心超长钻孔灌注桩施工中的应用 [J]．施工技术，2014，43（19）：6－8．

[35]　沈伟城，徐敏，唐甜．桩深90m 的超深钻孔灌注桩施工技术 [J]．建筑施工，2007，29（5）：313－314．

[36]　张利洁，边智华，景锋，等．越南海防热电厂二期工程超长大直径灌注桩荷载传递机理试验研究 [J]．长江科学院院报，2012，29（3）：55－58．

[37]　黄志霜．桥梁桩基竖向承载能力测试及桩土相互作用的数值模拟分析 [D]．西南交通大学硕士学位论文，2017．

[38]　吴鹏．超大群桩基础竖向承载性能及设计理论研究 [D]．东南大学博士学位论文，2006．

[39]　Ellison R D，Appolonia E D，Thiers G R．Load－Deformation Mechanism for Bored Piles [J]．Proc．ASCE J，Soil Mechanics and Foundation Div．，1971，97（SM4）：661－677．

[40]　Zhuang G M，Lee I K，Zhao X H．Interactive Analysis of Behavior of Raft－Pile Foundations，Proc．Geo－Coast'91，Yokohama，1991：759－764．

[41]　Lee I K．Analysis and Performance of Raft－Pile System，Keynote Lect．，3rd Int．Conf．Case Hist．in Geot．Eng．，St，Louis，1993．

[42]　张慧，李琳，孙晓立．竖直荷载下群桩承台土反力的三维仿真数值模拟 [J]．石家庄铁道学院学报，2006，19（4）：18－21．

[43]　辛利伍，董天文，宋晨光．超长桩基础有限元强度折减极限荷载判定方法 [J]．宁夏大学学报

（自然科学版），2017，38（2）：153－157.

[44] 曾友金，章为民，王年香，等. 某大型哑铃型承台群桩基础与土体共同作用竖向承载变形特性数值模拟分析 [J]. 岩土工程学报，2005，27（10）：1129－1135.

[45] 李颖，李晓红，王成. 超长钻孔灌注单桩承载性状有限元分析 [J]. 中外公路，2010，30（5）：218－221.

[46] 张雄文，董学武，李镇. 苏通大桥主塔墩基础群桩效应研究 [J]. 河海大学学报，2006，34（2）：200－203.

[47] 王瑞芳. 群桩工作机理的数值分析 [J]. 土工基础，2006，20（1）：62－65.

[48] 吴鹏. 刚性承台超大群桩承载性状的三维有限元分析 [J]. 黑龙江大学自然科学学报，2007，4（2）：13－18.

[49] 张永亮，陈兴冲，孙建飞. 桥梁群桩基础非线性静力计算模型及拟静力试验研究 [J]. 岩石力学与工程学报，2013，3（29）：1799－1806.

[50] 孙更生，郑大同. 软土地基与地下工程 [M]. 北京：中国建筑出版社，1984.

[51] 孔祥金，任永利，苏培新. 公路桥梁大直径桩的现状与发展 [J]. 广东公路交通，1999（4）：30.

[52] 徐建忠. 入桩顺序对黏土地基群桩竖向承载力影响的土工离心试验研究 [D]. 北京大学博士学位论文，1997.

[53] 王年香，章为民. 超大型群桩基础承载特性离心模型试验研究 [J]. 世界桥梁，2006，3（2）：45－48.

[54] 施峰. 大直径超长钻孔灌注桩的承载性状研究 [J]. 建筑结构，2003（3）.

[55] 乔京生，贾开武，张凤红，等. 复合地基群桩相互作用机理的模型试验研究 [J]. 湖南科技大学学报（自然科学版），2006，21（4）：57－61.

[56] 张建新，孙世光，张淑朝，等. 基于模型试验的群桩沉桩挤土效应微结构分析 [J]. 辽宁工程技术大学学报（自然科学版），2009，28（1）：63－65.

[57] 马海龙，陈云敏. 水泥土群桩承载力特性的原位试验研究 [J]. 浙江大学学报（工学版），2004，38（5）：593－597.

[58] 钱锐，茅卫兵，葛崇勋. 超长大直径钻孔灌注桩静载试验研究 [J]. 江苏建筑，2004（3）：49－51.

[59] 龚维明，戴国亮，蒋永生等. 桩承载力自平衡测试理论与实践 [J]. 建筑结构学报，2002，23（1）：82－88.

[60] 董武忠，吴方伯. 大直径、超长钻孔灌注桩竖向承载性状的自平衡试桩法试验研究 [J]. 岩土工程界，2005，9（4）：42－44.

[61] 王盛，胡志清. 大直径超长钻孔灌注桩试验研究分析 [J]. 世界桥梁，2005（2）：61－62.

[62] Ealy Carl D. DiMillio, Albert F. Long Term Monitoring of Pile Foundations [J]. Public Roads, 1985, 49（1）：18－29.

[63] Jardine R J, Hiqht D W, Mcltosh W. Hutton Tension Leg Platform Foundations：Measurement of Pile Group Axial Load－Displacement Relations. Geotechnique, 1988, 38（2）：219－230.

[64] Klar A, Bennett Peter J, Soqa Kenichi, et al, Distributed strain measurement for pile foundations. Proceedings of the Institution of Civil Engineers：Geotechnical Engineering, 2006, 159（3）：135－144.

[65] 朱腾明，义宗贞，邢福圣. 群桩基础中桩间土荷载的监测分析 [J]. 油气田地面工程，1996，15（6）：55－57.

[66] 陈志坚，冯兆祥，陈松，等. 江阴大桥摩擦失效嵌岩群桩传力机理的实测研究 [J]. 岩石力学与工程学报，2002，21（6）：883－887.

[67] 贺武斌，贾军刚，白晓红，等. 承台-群桩-土共同作用的试验研究 [J]. 岩土工程学报，2002，

24（6）：710-715.

[68]　卢波. 新疆伊犁河大桥大型群桩基础试验与数值研究 [J]. 公路交通科技，2008，25（5）：80-85.

[69]　Poulos H G，Davis E H. Pile Foundation Analysis and Design [M]. New York：John Wiley and Sons Inc，1980：80-160.

[70]　波洛斯 H G，戴维斯 E H. 桩基础的分析和设计 [M]. 北京：中国建筑工业出版社，1980：80-154.

[71]　Ellison R D，Appolonia E D，Thiers G R. Load-Defonnation Mechanism for Bored Piles [J]. Proc，ASCE J. Soil Mechanics and Foudation Div.，1971. 97（SM4）：661-667.

[72]　梁义聪，周常春，邓安福，等. 竖直荷载下群桩受力变形特性弹塑性分析 [J]. 地下空间，2001，21（2）：81-93.

[73]　倪新华. 筏基-群桩-土体的共同作用的数值分析 [D]. 上海同济大学博士学位论文，1990.

[74]　沈芬文，张英，毛江才，等. 群桩基础沉降计算的近似混合法 [J]. 西北农林科技大学学报自然科学版，2003，31（6）：158-162.

[75]　Chen W M，l'u Y M，Zhu Y，et al. Online Sensing System for Multi-parameter Remote Measurement of Bridge. Workshop on research and monitoring of Long Span bridges，Hong Kong，2000.

[76]　白韶红. 静力水准仪在北京城铁变形监测中的应用 [J]. 中国仪器仪表，2003（11）：34-36.

[77]　吴建，刘擎. 振弦式剖面沉降仪在软基堤坝施工监测中的应用 [J]. 岩土工程技术，2002（4）：195-197.

[78]　李娜，孙小飞，王仁贵. 深圳湾公路大桥结构健康监测系统数据智能采集与控制方案 [J]. 智能建筑，2007（10）：52-55.

[79]　王晓东，苏木标，陈述礼，等. 光纤传感器在吴忠黄河大桥施工监测中的应用 [J]. 公路，2003（8）：136-138.

[80]　王卫锋，徐郁峰，韩大建，等. 崖门大桥施工中的应力及温度测量 [J]. 桥梁建设，2003（1）：31-34.

[81]　刘福强，张令弥. 作动器/传感器优化配置的研究进展 [J]. 力学进展，2000，25（4）：506-516.

[82]　Papadopoulos M，et al. Sensor Placement Methodologies for Dynamic Testing. AIAA，1998，36（2）.

[83]　Kammer D C. Sensor Placement for On-orbit Modal Identification and Correlation of Large Space Structures [J]. Journal of Guidance，Control and Dynamics，1991，14（9）.

[84]　J O'callahan. A Procedure for an Improved Reduced System（IRS）Model [A]. Proceedings of the 7th International Modal Analysis Conference [C]. Union College Press，Schenectady，NY，1989.

[85]　Zhang D，et al. Succession-Level Approximate Reducing（SAR）Technique for Structural Dynamic Model [A]. Proceedings of the 13th International Modal Analysis Conference [C]. Union College Press，Schenectady，NY，1995.

[86]　A. Jha Optimal Placement of Piezoelectric Actuators and Sensors on an Inflated T ordinal Shell [R]. NDE for Health Monitoring and Diagnostics，San Diego，2002.

[87]　Rechardson A，et al. Sensor/Actuators Placement on Civil Structures Using a Real Coded Genetic Algorithm [R]. Smart Structures and Materials. San Diego，2002.

[88]　吴大宏，赵人达. 基于遗传算法与神经网络的桥梁结构健康监控系统研究初探 [J]. 四川建筑科学研究，2002，28（3）：4-6.

[89]　李戈，秦权，董聪. 用遗传算法选择悬索桥监测系统中传感器的最优布点 [J]. 工程力学，2000，17（1）：25-34.

［90］ Carne T G，Dohmann C R. A modal test design strategy for model correlation. Bathel，ed. Proceedings of the 13th International Modal Analysis Conference ［C］. Union College Press，Schenectady，NY，1995.

［91］ 冯兆祥. 岩质桥基稳定性分析方法及监测系统研究 ［D］. 河海大学博士学位论文，2002.

［92］ 朱晓文. 结构安全监控技术研究及其在润扬大桥北锚碇地基基础的应用 ［D］. 东南大学博士学位论文，2005.

［93］ 唐勇，陈志坚. 大型群桩基础安全监测传感器选型优化 ［J］. 西南交通大学学报，2011，46（2）：63－66.

［94］ 刘海. 在微机测控系统中抗工频干扰的复合滤波器设计 ［J］. 测控技术，2002（6）：247－251.

［95］ 孙涛，张宏建. 基于一阶差分的粗差剔除方法 ［J］. 仪器仪表学报，2002，23（2）：197－199.

［96］ 杨莉，张理，郭俊杰，等. 在线监测数据剔点处理算法的研究 ［J］. 高压电器，2001，36（5）：3－6.

［97］ Wang Y J，Kubik Kurt. Robust Kalman filter for GPS real－time positioning ［A］. Defense Mapping Agency，ed. Proceedings of the Sixth International Geodetic Symposium on Satellite Positioning ［C］：0－hil：The Ohio State University，1992，749－759.

［98］ Noushin A J，Daum F E. Some interesting observations regarding the initialization of unscented and Extended Kalman Filters ［C］. The International Society for Optical Engineering，2008.

［99］ Liu G H，Li Q X，Shi Wei，et al. Application of dynamic Kalman filtering in state estimation of navigation test ［J］. Yi Qi Yi Biao Xue Bao，2009，30（2）：396－400.

［100］ Sinha A，Kirubarajan T，Bar－Shalom Y. Application of the Kalman－Levy filter for tracking maneuvering targets ［J］. IEEE Transactions on Aerospace and Electronic Systems，2007，43（3）：1109－1107.

［101］ Van Dang，Tho. An adaptive Kalman Filter for radar tracking application ［C］. 2008 Microwaves，Radar and Remote Sensing Symposium，MRRS，2008，261－264.

［102］ Carosio Alessandro，Cina Alberto，Piras，Marco. The robust statistics method applied to the kalman filter：Theory and application ［C］. Proceedings of the 18th International Technical Meeting of the Satellite Division of The Institute of Navigation，ION GNSS，2005. 525－535.

［103］ 陶本藻. 卡尔曼滤波模型误差识别 ［J］. 地壳形变与地震，1999，19（4）：15－20.

［104］ 彭继兵，唐春艳. Kalman 最优平滑器在滑坡位移监测数据处理中的应用 ［J］. 防灾减灾工程学报，2004，24（4）：428－431.

［105］ 夏楠，邱天爽，李景春. 一种卡尔曼滤波与粒子滤波相结合的非线性滤波算法 ［J］. 防灾减灾工程学报，2013，41（1）：148－152.

［106］ 刘红新，王天祥，王解先. 自适应卡尔曼滤波在大跨径桥梁安全监控中的应用 ［J］. 测绘信息与工程，2004，29（6）：38－40.

［107］ 刘大杰，于正林. 动态测量系统与卡尔曼滤波 ［J］. 测绘学报，1988，17（4）：254－262.

［108］ 刘大杰，于正林. 基于卡尔曼滤波和指纹定位的矿井 TOA 定位方法 ［J］. 中国矿业大学学报，2014，43（6）：1127－1133.

［109］ 梅连友. 卡尔曼滤波在滑坡监测中的应用 ［J］. 测绘工程，2004，13（3）：13－15.

［110］ 何亮，敖鹏，孙炳楠. 结构健康监测信息的多尺度分析 ［J］. 市政技术，2006，24（3）：182－186.

［111］ 王利，李亚红，刘万林. 卡尔曼滤波在大坝动态变形监测数据处理中的应用 ［J］. 西安科技大学学报，2006，26（3）：353－357.

［112］ 田利梅，叶卫东. 卡尔曼滤波在桥梁健康监测系统中的应用研究 ［J］. 计算机测量与控制，2005，13（6）：524－526.

[113] 许国辉，张新长. 卡尔曼滤波模型粗差的探测及其在施工变形测量中的应用 [J]. 中山大学学报（自然科学版），2003，42（3）：89-91.

[114] 罗幼芝. 小波变换应用于信号去噪研究 [J]. 吉林师范大学学报（自然科学版），2005（1）：62-64.

[115] Xue Tao, Chen Zhijian, Dong Xuewu. Stress and Noises of Steel Box Girders in Sutong Bridge [J]. Engineering Sciences，2008，6（4）：53-59.

[116] 李建平. 小波分析与信号处理 [M]. 重庆：重庆出版社，1997.

[117] 陈武凡. 小波分析及其在图像处理中的应用 [M]. 北京：科学出版社，2002.

[118] Mallat S. Theory for multi - resolution signal decomposition：The wavelet representation [J]. IEEE Transactions on Pattern Analysis and Machine Intelligence，1989，11（7）：674-693.

[119] Mlallat S, Hwang W L. Singularity detection and processing with wavelets [J]. IEEE Transaction on Information Theory，1992，38（2）：617-643.

[120] Donoho D L. Adapting to unknown smoothness via wavelet shrinkage [J]. J Amer Statist Assoc，1995（90）：1200-1224.

[121] Donoho D L, Johnstone I. Wavelet shrinkage asymptotic [J]. Journal of Royal Statistical Society，1995，57（2）：301-369.

[122] Donoho D L. Denoisng by soft - thresholding [J]. IEEE Transaction on Information，1995（3）：613-627.

[123] 朱丽，娄国伟. 自适应阈值的小波去噪研究 [J]. 制导与引信，2003，24（1）：13-16.

[124] 吴光文，王昌明，包建东，等. 基于自适应阈值函数的小波阈值去噪方法 [J]. 电子与信息学报，2014，36（6）：1340-1347.

[125] 李红延，周云龙，田峰，等. 一种新的小波自适应阈值函数振动信号去噪算法 [J]. 仪器仪表学报，2015，36（10）：2200-2206.

[126] Coifman R R, Donoho D L. Translation - invariant denoising, wavelets and statistics [M]. New York：Springer Verlag，1995，125-150.

[127] Chang S C, Yu B, Vetterli M. Spatially adaptive wavelet thresholding based on context modeling for image denoising [J]. IEEE Trans. Image Processing，2000，9：1522-1531.

[128] 田鹏，杨松林，王成龙. 基于小波消噪的时序分析改进法在 GPS 变形监测中的应用 [J]. 测绘科学，2005，30（6）：55-56.

[129] 石双忠，岳东杰. 基于小波消噪技术的时序分析法用于 GPS 监测数据处理 [J]. 现代测绘，2006，29（4）：17-19.

[130] 田其煌. 基于小波技术的软土路基沉降数据分析方法研究 [D]. 河海大学硕士学位论文，2007.

[131] 潘国荣，谷川. 变形监测数据的小波神经网络预测方法 [J]. 大地测量与地球动力学，2007，27（4）：47-50.

[132] 吴中如. 水工建筑物安全监控理论及其应用 [M]. 北京：高等教育出版社，2003.

[133] 徐晖，李钢. 基于 Matlab 的 BP 神经网络在大坝观测数据处理中的应用 [J]. 武汉大学学报（工学版），2005，38（3）：50-53.

[134] 赵斌，吴中如，张爱玲. BP 模型在大坝安全监控预报中的应用 [J]. 大坝观测与土工测试，1999，23（6）：1-4.

[135] 翁静君，华锡生. 改进的 BP 神经网络在大坝安全监控中的应用 [J]. 水电自动化与大坝监测，2006，3（4）：62-65.

[136] 曾凡祥，李勤英. 基于 LM 算法的 BP 神经网络在大坝变形监测数据处理中的应用 [J]. 水电自动化与大坝监测，2008，32（5）：72-75.

[137] 苏怀智，吴中如，温志萍. 遗传算法在大坝安全监控神经网络预报模型建立中的应用 [J]. 水

利学报，2001（8）：44－48.

[138] 宋志宇，李俊杰. 基于混沌优化支持向量机的大坝安全监控预测 [J]. 武汉大学学报（工学版），2007，40（1）：53－56.

[139] 王绍泉. 多层次阈值模糊综合评判在分析大坝安全中的应用 [J]. 大坝观测与土工测试，1997，21（4）：12－14.

[140] 马福恒，王仁钟，吴忠如，等. 模糊控制的预测模型及其应用 [J]. 大坝观测与土工测试，2001，25（2）：17－20.

[141] 徐洪钟，胡群革，吴中如. 自适应模糊神经网络在大坝安全监控中的应用 [J]. 河海大学学报：自然科学版，2001，29（2）：8－10.

[142] 蔡新，杨建贵，王海祥. 土石坝广义模糊优化设计 [J]. 河海大学学报：自然科学版，2001，29（1）：24－27.

[143] 王铁生，华锡生. 基于模糊聚类算法的大坝监控模型的研究 [J]. 水利学报，2003（6）：115－118.

[144] 王伟，沈振中，王连庆. 基于粒子群聚类算法的大坝安全监控模型 [J]. 河海大学学报（自然科学版），2008，36（4）：501－504.

[145] 张磊，金永强，李子阳. CPSO2NN 模型在大坝安全监控中的应用水利水电科技进展 [J]. 2008，28（4）：8－10.

[146] 何习平，华锡生，何秀凤. 加权多点灰色模型在高边坡变形预测中的应用 [J]. 岩土力学，2007，28（6）：1187－1191.

[147] 葛长峰，胡庆兴，李方明. 人工神经网络在预测深基坑周边地表沉降变形中的应用研究 [J]. 防灾减灾工程学报，2008，28（4）：519－523.

[148] 曹跃，张成良. Elman 网络在地下洞室变形预测中的应用 [J]. 武汉理工大学学报，2006，28（2）：49－52.

[149] 吴大宏. 基于遗传算法与神经网络的桥梁结构健康监测系统研究 [D]. 西南交通大学博士学位论文，2000.

[150] 张政华，毕丹，李兆霞. 基于结构多尺度模拟和分析的大跨斜拉桥应变监测传感器优化布置研究 [J]. 工程力学，2009，26（1）：142－148.

[151] 陈志坚. 层状岩质边坡工程安全监控建模理论及关键技术研究 [D]. 河海大学博士学位论文，2002.

[152] 焦莉. 基于数据融合的结构损伤识别 [D]. 大连理工大学博士学位论文，2006.

[153] 刘严岩. 多传感器数据融合中几个关键技术的研究 [D]. 中国科技大学博士学位论文，2006.

[154] Hall D L，Llinas J. An introduction to multisensor data fusion [J]. Proceedings of the IEEE，1997，85（1）：6－23.

[155] Luo R C，Kay M G. Multisensor Integration and Fusion in Intelligent Systems [J]. IEEE Trans. Syst.，Man Cybern.，1989，19（5）：901－931.

[156] Li H，Manjunath B S，Mitra S K. Multi－sensor image fusion using the wavelet transform image processing [A]. Proceedings of IEEE International Conference on Image Processing，Austin，Texas，1994：51－55.

[157] Huang，X H，Wang M. Multi－sensor Data Fusion Structures in Autonomous Systems：A Review [J]. IEEE International Symposium on Intelligent Control－Proceedings，2003：817－821.

[158] 康耀红. 数据融合理论与应用 [M]. 西安：西安电子科技大学出版社，1997.

[159] 刘同明，夏祖勋，解洪成. 数据融合技术及其应用 [M]. 西安：国防工业出版社，1998.

[160] 杨万海. 多传感器数据融合及其应用 [M]. 西安：西安电子科技大学出版社，2004.

[161] 徐科军. 传感器与检测技术 [M]. 北京：电子工业出版社，2004.

[162] 杨国胜，窦丽华. 数据融合及其应用 [M]. 北京：兵器工业出版社，2004.

[163] 戴亚平，刘征，郁光辉，译. 多传感器数据融合理论及应用［M］. 北京：北京理工大学出版社，2004.

[164] Fortmann T E, Bar - Sbalortt Y, Scheffc M. Sonar Tracking of Multiple Targets Using Joint Probabilistic Data Association. IEEE Journal of Oceanic Eng. OE - 8, Jul, 1983：173 - 183.

[165] Yager R R. On the Dempster - Shafer framework and new combination rules ［J］. Information Sciences，1987，41（2）：93 - 137.

[166] Ivanjn, Selhiv. Date fusion of fixed detector and probe vehicle data for incident detection ［J］. Computer Aided Civil and Infrastructures Engineering，1998，13（5）：327 - 329.

[167] L. Lin T, Kirubarajan Y. Bar - Shalom. 3 - DTrack Initiation in Clutter Using 2 - D Radar Measurements. IEEE Trans. on Aerospace and Electronic Systems. Oct，2002. 38（4）：1434 - 1441.

[168] Xiao Chun, Qu W L, Tan D M. An application of data fusion technology in structural health monitoring and damage identification ［C］. Smart Structures and Materials 2005 - Smart Sensor Technology and Measurement Systems，2005：451 - 461.

[169] 丁国成，律方成，刘云鹏，等. 数据融合用于 MOA 在线监测数据的处理 ［J］. 高电压技术，2006，32（10）：43 - 45.

[170] Yu Yan, Ou J P. Wireless collection and data fusion method of strain signal in civil engineering structures ［J］. Sensor Review，2009（29）：63 - 69.

[171] Durrant - Whyte, Huqh. Data fusion in sensor networks. 2005 4th International Symposium on Information Processing in Sensor Networks，IPSN 2005，v 2005：2.

[172] Jwa S Q, Ozquner Umit. Multi - UAV sensing over urban areas via layered data fusion. IEEE Workshop on Statistical Signal Processing Proceedings，2007：576 - 580.

[173] Huber Daniel, Stadler Nicolas, Falco - Jonasson, Lisa, et al. Multi - sensor data fusion for non - invasive continuous glucose monitoring. FUSION 2007 - 2007 10th International Conference on Information Fusion.

[174] Jabbari, Amir; Jedermann, Reiner; Lanq, Wslter. Neural network based data fusion in food transportation system. Proceedings of the 11th International Conference on Information Fusion，FUSION，2008.

[175] Zhang Yulin, Jiang Dingguo, Xu Baoguo. Research on multi - sensor data fusion based on improved BP algorithm ［J］. Dongnan Daxue Xuebao，2008，38（1）：258 - 261.

[176] 于美婷，赵林靖，李钊. 基于 DS 证据理论的协作频谱感知改进方法 ［J］. 通信学报，2014，35（3）：168 - 173.

[177] 施惠昌，严军. 数据融合在发电机故障诊断中的应用 ［J］. 上海大学学报，8（6）：486 - 494.

[178] 吕锋，孙杨，韩提文. 基于多传感器数据融合发电机参数的在线估计 ［J］. 中南工业大学学报，2003，34（4）：409 - 412.

[179] 王晓宏. 数据融合技术及其在电器试验数据采集中的应用 ［J］. 微计算机信息，2004，20（1）：46 - 47.

[180] 李岚，李宁. 隧道监控系统中的数据融合技术 ［J］. 中国铁路，2004（8）：30 - 33.

[181] 黄德祥，曹建. 数据融合技术在电力设备在线监控系统数字滤波中的应用 ［J］. 电网技术，2004，28（21）：31 - 33.

[182] 王建，伍元，郑东健. 基于多传感器信息融合的大坝监测数据分析 ［J］. 武汉大学学报（工学版），2004，37（1）：32 - 35.

[183] 彭继兵，许强，郭科. 应用多传感器多模型融合技术提取滑坡综合信息 ［J］. 中国地质灾害与防治学报，2005，16（4）：109 - 112.

[184] 缪燕子,方健,马小平. 多传感器信息融合在水环境监测中的应用 [J]. 西安科技大学学报,2006,26(2):212-214.

[185] 邱佩璜,周逊盛,张震鹏. 基于 Bayes 网络的结构健康评估信息融合方法 [J]. 中国市政工程,2006(4):101-103.

[186] 刘青松,戈迪,钱苏翔. 小波去噪和数据融合及在线监控系统中的应用 [J]. 数采与监测,中文核心期刊《微计算机信息》(测控自动化),2006,22(12-1):117-119.

[187] 唐娟,王文娣,王辉,等. 温室番茄生长中多传感器数据融合的应用 [J]. 传感器与仪器仪表,中文核心期刊《微计算机信息》(测控自动化),2007,23(6-1):192-193.

[188] Salahshoor Karim, Mosallaei Mohsen, Bayat Mohammadreza. Centralized and decentralized process and sensor fault monitoring using data fusion based on adaptive extended Kalman filter algorithm. Measurement:Journal of the International Measurement Confederation,2008,41(10):1059-1076.

[189] 焦莉,李宏男. 一种基于改进的一致性算法数据融合技术(英文)[J]. 防灾减灾工程学报,2006(2):170-174.

[190] Wu Shengli. A geometric probabilistic framework for data fusion in information retrieval [C]. FUSION 2007—2007 10th International Conference on Information Fusion.

[191] Suzuki Makoto, Araki Dai, Higashide Akira, et al. Approach to data fusion using uncertain knowledge in geographical information systems [J]. Electrical Engineering in Japan (English translation of Denki Gakkai Ronbunshi),1999(128):65-76.

[192] Gad Ahmed S. A fuzzy logic - based multisensor data fusion for maritime surveillance - real data testing [C]. 2009 National Radio Science Conference,NRSC,2009.

[193] Aguilar - Ponce Ruth, McNeely Jason, Baker Abu, et al. Multisensor data fusion schemes for wireless sensor networks [C]. CAMPS 2006 - International Workshop on Computer Architecture for Machine Perception and Sensing.

[194] Chen Zhijian, Bian Lei, Xue Tao, et al. Application of data fusion in the safety monitoring of Sutong Bridge foundation [C]. IABMAS,2008:311.

[195] 徐兵,姜艳青,周志杰. 基于贝叶斯估计的超声红外复合测距系统 [J]. 解放军理工大学学报(自然科学版),2013,14(4):65-71.

[196] 肖韶荣,张周财,黄新. 基于数据融合的多通道光纤位移传感器 [J]. 光学精密工程,2013,21(11):2764-2770.

[197] Brandl H. Bearing Capacity of Piers and Piles with Large Diameters [C]. Proc. 11th ICSMFE (3):1525-1530.

[198] 池跃君. 大直径超长灌注桩承载性状的试验研究 [J]. 工业建筑,2000,30(8):26-29.

[199] 俞炯奇. 非挤土长桩性状数值分析 [D]. 杭州:浙江大学岩土工程研究所,2000.

[200] 张鸿,刘先鹏. 特大型桥梁深水高桩承台基础施工技术 [M]. 中国建筑工业出版社,2005.

[201] C Z J, Z N N, et al. Stress and Noises of Cable - Tower Anchorage Zone for Sutong Bridge [C]. IABSE,2008:154.

[202] 陈志坚,陈松,董学武,等. 岩土工程安全监测异常值属性的识别方法 [J]. 水电自动化与大坝监测,2004,28(1):40-44.

[203] 章扬,陈辉,田源. 地铁综合监控系统的可靠性、可用性、可维修性、安全性设计 [J]. 城市轨道交通研究,2009(4):64-66.

[204] Marzullo K. Tolerating failures of continuous - valued sensors [J]. ACM Trans on Conputer System,1990,8(4):284-304.

[205] 吴浩杨,常炳国,朱长纯,等. 基于模拟退火机制的多种群并行遗传算法 [J]. 软件学报,

2000，11（3）：416－420.

[206] 陈华根，吴健生，王家林，等. 模拟退火算法机理研究［J］. 同济大学学报（自然科学版），2004，32（6）：802－805.

[207] 王凌，郑大钟. 随机优化问题一类基于假设检验的模拟退火算法［J］. 控制与决策，2004，19（2）：183－186.

[208] 王凌. 智能优化算法及其应用［M］. 北京：清华大学出版社，2001.

[209] Ahmed M A，Alkhamis T M. Simulation－based optimization using simulated annealing with ranking and selection［J］. Computers and Operations Research，2002，29（4）：387－402.

[210] Shan Hongbo，Li Shuxia，Gong Degang，et al. Genetic simulated annealing algorithm－based assembly sequence planning［J］. International Technology and Innovation Conference，2006：1573－1579.

[211] Geng Xiutang，Xu Jin，Xiao Jianhua，et al. A simple simulated annealing algorithm for the maximum clique problem［J］. Information Sciences，2007，177（22）：5064－5071.

[212] Jeong S J，Kim K S，Lee Y H. The efficient search method of simulated annealing using fuzzy logic controller［J］. Expert Systems with Applications，2009，36（3－2）：7099－7103.

[213] Tarek M，Nabhan A，Lbert Y，et al. A parallel simulated annealing algorithm with low communication over head［J］. IEEE Transactionson Parallela Distributed Systems，1995（1）：23－24.

[214] 胡山鹰，陈丙珍，何小荣，等. 非线性规划问题全局优化的模拟退火法［J］. 清华大学学报（自然科学版），1997（6）：5－9.

[215] 戚闪坡. 信噪分离技术在深水群桩基础受力分析中的应用［D］. 河海大学硕士学位论文，2008.

[216] Hong J C，Kim Y Y，Lee H C，et al. Damage detection using the Lipschitz exponent estimated by the wavelet transform：Applications to vibration modes of a beam. International Journal of Solids and Structures，2002，39：1803－1816.

[217] 孙延奎. 小波分析及其应用［M］. 北京：机械工业出版社，2005.

[218] 胡昌华，张军波，夏军，等. 基于 MATLAB 的系统分析与设计——小波分析［M］. 西安：西安电子科技大学出版社，1999.

[219] Jansen M，Malfait M，Bultheel A. Generalized cross validation for wavelet thresholding. Signal Processing，1997.

[220] Peng Y H. De－noising by Modified Soft－Thresholding. IEEE Trans on IT，2000，63：760－762：95－97.

[221] Dong Yongsheng，Yi Xuming. denoising based on four modified functions for threshold estimation. Journal of Mathematics，2005.

[222] 飞思科技产品研发中心. 小波分析理论与 MATLAB7 实现［M］. 北京：电子工业出版社，2005.

[223] 何友，王国宏. 多传感器信息融合及应用［M］. 北京：电子工业出版社，2000.

[224] 秦志强. 数据融合技术及其应用［J］. 网络信息技术，2003，22（5）：25－28.

[225] 焦莉. 基于数据融合的结构损伤识别［D］. 大连理工大学博士学位论文，2006.

[226] 吴艳. 多传感器数据融合算法研究［D］. 西安电子科技大学博士学位论文，2003.

[227] James Berger O. Statistical Decision Theory and Bayesian Analysis［M］. New York：Springer－Verlag，1985.

[228] Li X R，Zhu Y M，Han C Z. Unified Optimal Linear Estimation Fusion：Part 1：Unified Models and Fusion Rules［C］. Proc，2000 International Conf，On Information Fusion，July 2000.

[229] Julier S，Uhlmann J K. A New Method for the Nonlinear Transformation of Means and Covariances in Filters and Estimators［J］. IEEE Trans AC，2000，45（3）：477－482.

[230] 王年香，章为民. 超大型群桩基础承载特性离心模型试验研究 [J]. 世界桥梁，2006（3）：45-48.

[231] 河海大学岩土工程研究所. 苏通大桥主桥超长大直径群桩-承台-土的共同作用分析研究报告 [R]. 2006.

[232] Cury Aexandre, Cremona Christian, Diday Edwin. Application of symbolic data analysis for structural modification assessment [J]. Engineering Structures，2010，32（3）：762-775

[233] Garden E P, Brownjohn J M W. Fuzzy clustering of stability diagrams for vibration-based structural health monitoring [J]. Computer-aided Civil and Infrastructure Engineering，2008，23（5）：360-372.

[234] 肖盛燮，王平义，吕恩琳. 模糊数学在土木与水利工程中的应用 [M]. 北京：人民交通出版社，2004：22-24.

[235] 王伟，沈振中，王连庆. 基于粒子群聚类算法的大坝安全监控模型 [J]. 河海大学学报：自然科学版，2008，36（4）：501-504.

[236] 王新洲，陈艳艳，万斐. 基于 VisualC NET 的模糊聚类分析系统及其应用 [J]. 地理空间信息，2007，5（3）：1-4.

[237] 李秀桥，贾智平. 海洋监测系统实时数据采集及聚类分析的研究 [J]. 计算机工程与应用，2007，43（25）：214-217.

[238] 周玉新，周志芳，孙其国. 岩体结构面产状的综合模糊聚类分析 [J]. 岩石力学与工程学报，2005，24（13）：2283-2286.

[239] 贺婧. 基于 D-In SAR 技术的西安地面沉降监测 [D]. 长安大学博士学位论文，2013.

[240] Massonnet D, Rabaute T. Radar interferometry：limits and potential [J]. IEEE Tran. on Geoscience and Remote Sensing，1993，31（2）：455-464.

[241] 刘国祥. InSAR 应用实例及其局限性分析 [J]. 四川测绘，2005，28（3）：139-143.

[242] 杨纶标，高英仪. 模糊数学原理及应用 [M]. 3 版. 广州：华南理工大学出版社，2001.

[243] 王石青，邱林，王志良，等. 确定隶属函数的统计分析法 [J]. 华北水利水电学院学报，2002，23（1）：68-71.

[244] 陈铭，李红燕，王铁宁，等. 模糊综合评判中非线性隶属函数的确定 [J]. 数学的实践与认识，2006，36（9）：124-128.

[245] 王莲芬，许树柏. 层次分析法引论 [M]. 北京：中国人民大学出版社，1990.

后　　记

　　本书是作者依托苏通大桥主桥建设的工程实践，对深水群桩基础广角度安全监控技术进行研究的成果，是作者参加国家重点基础研究发展规划项目（973项目）"灾害环境下重大工程安全性的基础研究"之课题七——"多因素相互作用下地质工程系统的整体稳定性研究"（项目编号：2002CB412707）、国家"十一五"科技支撑项目"苏通大桥建设关键技术研究"之课题五——"深水群桩基础施工与冲刷防护成套集成技术研究"（项目编号：2006BAG04B05）和江苏省交通科学研究计划项目"超大型钻孔桩群桩基础关键技术研究"（项目编号：04Y029）等重大研究项目等系列课题成果的一部分。

　　本书研究成果虽然已经在其他桥梁工程、公路工程和地质灾害防护工程中得到应用，但还存在一些未能涉及的方面。如在群桩基础安全性综合评判模型的建立过程中，没有考虑河床冲刷和局部强冲刷因素、"频循环荷载"的影响、船撞因素以及模型建立过程中的时效性因素。

　　随着我国对大型工程安全问题高度重视，对安全监测技术在施工阶段和运营阶段的要求也越来越高。未来，安全监测技术的发展主要体现在以下几个方面。

　　（1）随着电子和信息技术的快速发展，工程规模的不断突破、建设环境的日趋复杂，多尺度和广角度监控技术必将得到更广泛的应用。它已不仅是大型工程施工质量的后验手段，而且也作为一种特殊的施工手段渗透到工程施工的各个环节，深刻地影响着工程施工的进程和质量。

　　（2）信噪分离技术和数据融合技术，将在工程安全监控中得到更广泛的应用，从而使响应量和原因量的关系更加明确。这对深入揭示事物的本质具有重要意义，并在很大程度上提高安全监控模型（包括安全性综合评判模型、警戒模型和预测预报模型）的准确性。

　　（3）多传感器的综合集成将更加广泛，从而解决工程实践中存在的一系列观测技术难题。

　　（4）合理的工程辅助措施（如河床冲刷袋装砂预防护、级配碎石和护面块石永久防护、桩端后压浆等）的采用，将改善超大型深水群桩基础工作机理，从而削弱群桩效应、有效控制沉降和差异沉降，大幅度提高群桩基础的承载性能，赋予大型群桩基础更加强大的生命力，应用领域也将更加广泛。

　　本书在撰写过程中，阅读并参考了许多国内外学术论著，借助了这些论著的研究理论和方法，具体都在参考文献中加以标注。其研究成果得到陈志坚教授的悉心指点，在此表示深深的感谢。同时还要衷心感谢姜欣荣博士、张宁宁博士、唐勇博士、王伟硕士和罗堂硕士等的热心帮助，和他们一起进行课题研究的那段时间，共同学习、共同探讨，才有了今天著作的丰硕成果。在此祝愿他们快乐地工作、幸福地生活！

　　最后，谨以此书献给我的家人和所有关心、帮助和支持过我的人们！

薛涛

2017年11月于南京